KB137492

자연에서 듣는
우리 생물 이야기

자연에서 듣는

우리 생물 이야기

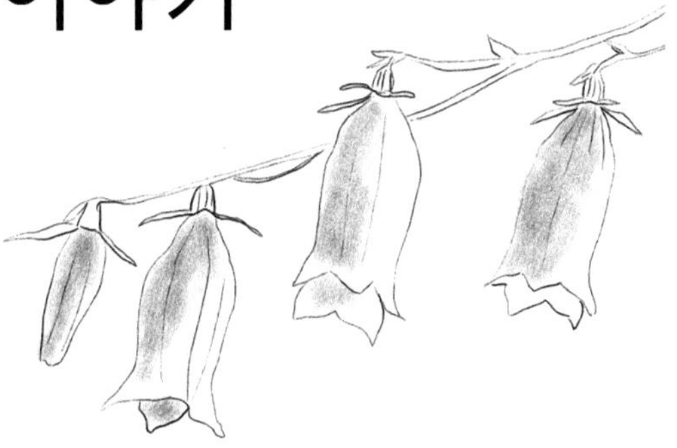

국립생물자원관 지음

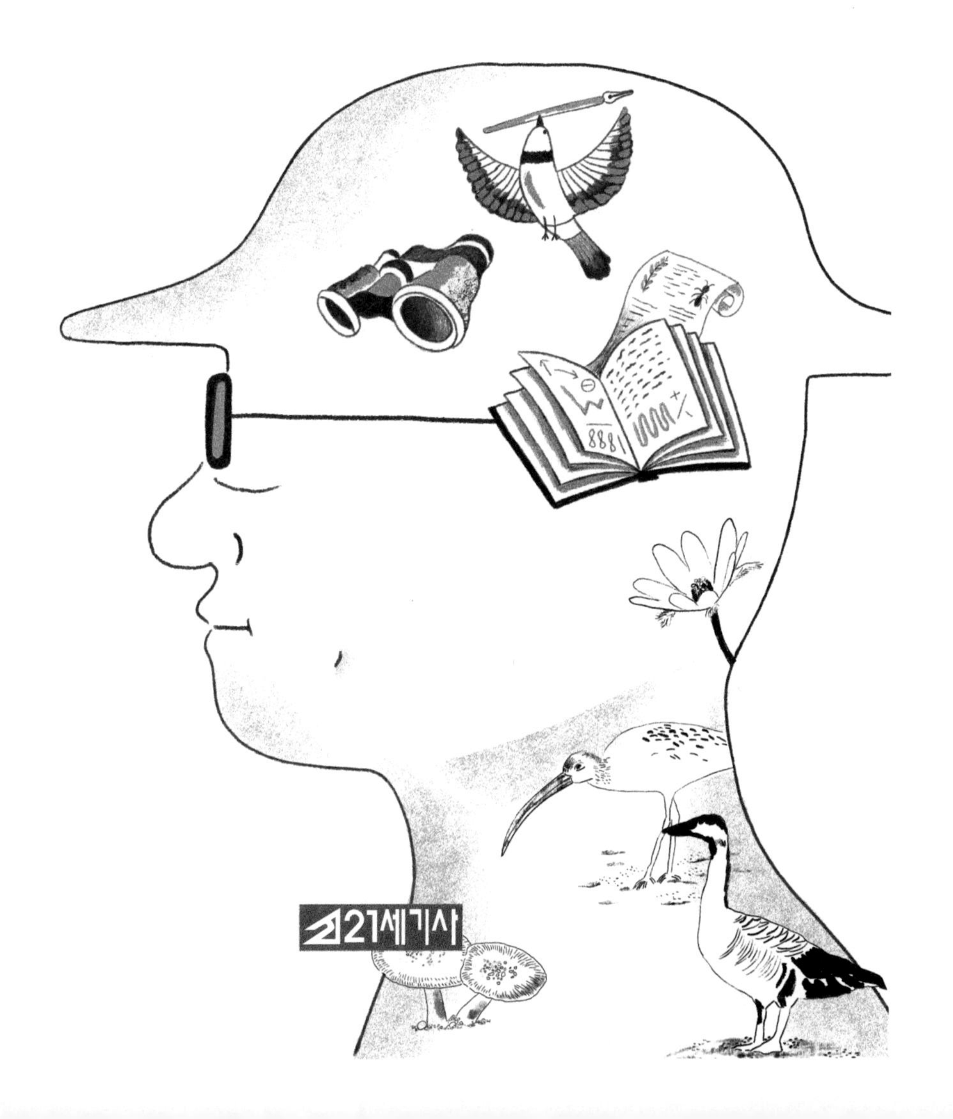

21세기사

발간사

지구상에는 183만 4,340종의 생물종이 기록되어 있으며, 우리나라에는 10만 여종의 생물이 살고 있다고 추정하고 있습니다. 국립생물자원관은 우리나라 생물에 대한 지속적인 조사, 발굴 및 체계적인 연구를 진행하고 있으며, 지금까지 5만 4,428종의 국가생물종목록을 구축하여 국가생물주권 확립의 기반을 마련하기 위해 노력하고 있습니다.

우리는 다양한 생물로부터 크고 작은 혜택을 받으며 살아가고 있습니다. 아름다운 자연뿐만 아니라 의약품, 건강식품, 화장품 소재와 문화적 활용 가치 등을 제공하여 우리 삶을 풍요롭게 합니다. 우리가 모든 생물을 알 수는 없어도 함께 살아가는 생물의 존재를 기록하며 소중함을 알아가는 것이 우리 생물을 지키는 첫걸음일 것입니다.

국립생물자원관은 자생생물의 소중함과 생물다양성의 중요성을 알리고자 한국일보의 '아하, 생태 II', 세계일보의 '우리 땅, 우리 생물', 인천일보의 '흥미로운 생물자원'이라는 기획 칼럼으로 연구자들이 알려주는 생물 이야기를 연재하고 있습니다. 그리고 그 기사들을 묶어 책으로 발간하게 되었습니다.

「연구자들이 들려주는 우리 생물 이야기」는 우리 주변에서 흔히 볼 수 있지만 자세히는 몰랐던 다양한 생물의 이야기를 담았습니다. 특히, 연구자들이 직접 현장에서 찍은 생물 사진과 함께 누구나 공감할 수 있는 재미있는 생물의 생활사를 소개하고자 합니다. 봄, 여름, 가을 그리고 겨울에 만날 수 있는 다양한 생물의 모습과 그들의 생존전략, 그리고 생물자원으로서의 가치까지 많은 정보가 들어있습니다.

이 책이 우리 생물을 알아가고 이해하는 데 작은 도움이 되기를 바랍니다. 마지막으로, 그동안 바쁜 업무에도 생물 이야기 원고 작성과 사진 제공에 힘써주신 연구자들과 책 발간에 도움을 주신 담당자들께 감사의 마음을 전합니다.

국립생물자원관

관장 배연재

목차

한국의 고유식물

글. 남기흠

생물을 연구하다 보면 꼭 가보고 싶은 곳이 있다. 남아메리카 동태평양에 위치한 갈라파고스 군도, 아프리카 동남쪽 인도양의 마다가스카르, 오스트레일리아 대륙 등 육지와 동떨어져 생물들이 독립적으로 진화한 지역이다. 우리가 사는 지역과는 완전히 다른 생물 세계를 탐험할 수 있지 않을까 하는 생물학자의 호기심을 불러일으키기 때문이다.

지리적인 원인으로 지구상에서 특정한 지역에서만 한정적으로 분포하는 생물을 그 지역의 고유종(Endemic species) 또는 특산종이라고 부른다. 세계 어느 나라, 어느 지역에서도 고유종은 존재한다. 대부분의 고유종은 한정된 지역에만 적응하여 자라고 있어 개체군의 크기가 작고 분포 범위가 제한적이기 때문에 환경 변화에 민감하고, 외래종과의 경쟁에서 취약한 경우가 많다. 유전적으로도 교란 가능성이 커 지속적인 관리가 필요하다. 따라서 많은 국가와 국제기구 등에서는 고유종을 멸종위기종으로 지정하여 관리하고 있다. 그 지역의 고유종이 사라지는 건 곧 그 종의 멸종을 의미하기 때문이다.

구상나무

제주고사리삼

모데미풀

우리나라는 환경부에서 지정한 멸종위기 야생생물 267종(2017년) 가운데 45종이 고유종이다. 어류는 27종 중 감돌고기, 꼬치동자개 등 18종, 식물은 80종 중 한라솜다리, 각시수련 등 16종이며 자생생물 보전 및 관리에 우선순위를 두고 있다. 우리 고유종에 관한 연구는 독일의 탐험가 알렉산더 슐리펜바흐가 우리나라에서 채집한 50여 종의 식물을 네덜란드 식물학자 프리드리히 미쿠엘이 정리하여 철쭉과 버드나무 등을 한국 고유종으로 보고하면서 시작되었다. 현재 환경부에서는 자생식물 중 2,287 분류군을 고유종으로 관리하고 있으며, 이 중 관속식물은 457 분류군이다. 우리나라 고유식물 중 제주도에만 분포하는 종은 제주고사리삼, 한라솜다리 등 61종(13.3%), 울릉도에만 분포하는 종은 섬현삼, 섬개야광나무, 섬초롱꽃 등 34종(7.4%)으로 전체 고유종에서 절대적인 비중을 차지하고 있다. 또한, 남북한 동시 분포하는 종은 101종, 남한에만 분포하는 종은 261종, 북한에만 분포하는 종이 95종이다. 대부분 산지형이어서 433종이 산지에, 10종이 습지에, 14종이 해안에 분포한다.

우리가 지켜야할 고유식물 6속

우리나라에는 한 과(Family)의 식물 전체가 분포하는 고유과는 없지만, 속 전체가 존재하는 고유속은 6개가 있다. 제주고사리삼속(*Mankyua*), 모데미풀속(*Megaleranthis*), 금강인가목속(*Pentactina*), 덕우기름나물속(*Sillaphyton*), 미선나무속(*Abeliophyllum*), 금강초롱꽃속(*Hanabusaya*) 이다.

제주고사리삼속은 2001년 한국 고유속으로 발표된 고사리삼과의 여러해살이 상록성 양치식물이다. 이 속에는 제주고사리삼 한 종이 있으며, 제주도 동부의 곶자왈 지역에서만 자란다. 라틴어 속명인 '만규아'는 초창기 분류학자로서 양치식물 연구에 심혈을 쏟은 박만규 박사를 기려 명명됐다. 크기는 10~12cm이며 옆으로 기는 뿌리에 1~2개의 잎이 나온다. 잎은 3개로 갈라졌다가 다시 5~6개로 갈라진다. 포자엽은 이삭처럼 줄기 끝과 잎 끝부분에서 1~3개씩 나온다. 땅속줄기를 통해 무성생식을 한다. 주요 자생지는 곶자왈 지대로 주변보다 고도가 낮아 비가 오면 일정 기간 물이 고이는 곳에서 주로 분포한다. 제주고사리삼은 고사리 종류에서도 포자낭의 포막이 없는 원시 식물 형태를 하고 있어 식물의 진화 연구에 중요한 식물이기도 하다. 자생지 주변에 골프장이 들어서면서 환경부에서는 멸종위기 야생식물 II급으로 지정하여, 자생지가 훼손되는 일이 없도록 보호하고 있다.

모데미풀속은 미나리아재비과의 여러해살이풀로, 모데미풀 한 종이 속해있다. 제주도, 경상도, 전라도, 경기도, 강원도에 자라고, 덕유산과 소백산 일대에 가장 많은 개체가 분

금강인가목

미선나무

포하고 있다. 강원도 설악산 부근이 분포의 북방한계선이다. 라틴어 속명인 '메가에란디스'는 모데미풀의 꽃과 식물체가 너도바람꽃속(*Eranthis*)보다 크다(Mega-)는 의미다. 국명인 '모데미'는 현재의 전라북도 남원시 주천면 덕치리 소재 '회덕마을'의 옛 이름인 '모데기'에서 유래하였다. 크기는 20~40cm 정도이며 밑에서 잎이 모여 나와 포기를 형성한다. 뿌리잎은 긴 잎자루가 있으며 끝에서 3개로 완전히 갈라지고 뾰족한 톱니가 발달한다. 꽃은 흰색으로 잎과 같은 형태와 크기로 5월에 피며 지름이 2cm 정도다.

"
대부분의 고유종은 한정된 지역에만 분포하는 특성에 따라
개체군의 크기와 분포 범위가 제한적이기 때문에 환경 변화에 민감하고,
외래종과의 경쟁에서 취약한 경우가 많다.
"

금강인가목속은 장미과 떨기나무로 금강인가목 1종이 있다. 강원도 금강산에만 분포하여 현재로서는 쉽게 관찰할 수 없다. 라틴어 속명인 '펜탁티나'는 꽃잎이 다섯 갈래(Pente)의 방사상(Actinum)으로 퍼지는 것에서 유래하였다. 국명은 금강산에서 나는 인가목(조팝나무)이라는 뜻이다. 높이 70cm의 떨기나무로 잎은 어긋나고 타원형 또는 피침형이 뒤집힌 거꿀피침 모양이며, 6~7월에 원뿔 모양의 꽃차례에 하얗게 꽃을 피운다. 한때 자생지를 제외하면 스코틀랜드의 에든버러 식물원에서만 살아있는 개체를 보유하고 있었지만, 2012년 국립수목원에서 에든버러 식물원으로부터 종자로 키운 식물체를 도입하면서 국내에서도 볼 수 있게 되었다.

미선나무속은 물푸레나무과의 떨기나무로서 미선나무 1종이 있다. 경기도, 경상북도, 전라북도, 충청북도 등에 자란다. 속명인 '아벨리오필럼'은 미선나무 잎이 댕강나무속(*Abelia*) 식물의 잎(Phyllon)과 비슷한 데서 유래하였으며, 국명인 '미선'은 열매가 자루가 긴 둥근 부채인 미선(尾扇)과 닮은 데서 지어졌다. 4월에 개나리와 비슷한 꽃을 피우지만, 개나리꽃 반 정도 크기에 꽃잎이 흰색으로 깊게 갈라진다. 꽃 색깔에 따라 분홍미선, 푸른미선, 상아미선 등으로 품종을 나누기도 한다.
미선나무가 처음 발견된 충청북도 진천군 초평면 용정리의 군락지가 1962년 천연기념물 제14호로 지정되었으나, 불법 채취로 훼손되면서 7년 만에 천연기념물에서 해제되는 일이 있었다. 그 후 1970년 충청북도 괴산군 장연면 추점리(제220호)와 충청북도

ⓒ김남덕

금강초롱꽃(자주색)

금강초롱꽃(흰색)

괴산군 칠성면 율지리(제221호) 자생지가 천연기념물로 지정되었으며, 총 5개의 자생지가 보호받고 있다. 환경부는 미선나무를 멸종위기 야생생물 II급으로 지정하였다가 자생지가 많이 발견되면서 2017년 지정을 해제했다. 하지만, 용정리 군락과 같은 비극이 다시는 일어나지 않도록 모두가 자생지를 보전하는 일에 관심을 가져야 한다.

금강초롱꽃속은 초롱꽃과에 속하며, 금강초롱꽃과 검산초롱꽃 2종이 있다. 금강초롱꽃은 경기도, 강원도 및 함경남도에, 검산초롱꽃은 함경남도와 평안북도에 자라는 것으로 알려져 있다. 라틴어 속명 '하나부사야'는 우리나라 식물을 연구한 일본인 학자 나카이 박사가 주한 초대 일본공사이자 경술국치를 주도한 인물인 하나부사를 기리기 위해 붙였다. 북한은 이러한 불편한 이름을 사용하지 않으려고 금강산이아(*Keumkangsania*)라는 새로운 속명을 제시한 적이 있으나, 국제식물명명규약(ICBN)에 위배돼 폐기되었다. 국명은 금강산에서 처음 발견되고 꽃 모양이 초롱을 닮아서 금강초롱꽃으로 붙여졌다. 금강초롱꽃은 설악산, 오대산을 비롯한 강원도 높은 산들에 자생하고 있다.

덕우기름나물

©강희만

구상나무는 암수한그루이며 꽃은 자주색 또는 녹색이다

©강희만

구상나무의 열매는 원주형이고 갈색, 검정색, 자주색, 녹색을 띤다

덕우기름나물속은 미나리과에 속하며, 덕우기름나물 1종이다. 강원도, 충청북도, 경상북도의 석회암과 퇴적암 지대에서만 분포한다. 가장 최근인 2016년에 러시아 학자에 의해 신속으로 발표되었다. 라틴어 속명은 '신라파이톤'으로 신라(Silla)의 식물(Phyton)이란 의미이고, 국명인 '덕우'는 강릉 덕우산에서 처음 발견되었기에 붙여졌다. 다년생 초본으로 뿌리잎이 3번 갈라져 끝에 3장의 잎을 가지며 꽃대가 줄기가 아닌 뿌리에서 나오는 특징이 있다. 우리나라의 석회암 지역과 퇴적암 일부 지역에서만 관찰 가능한 한국 고유종이지만, 석회암 지역의 경우 지나친 석회석 채취로 백두대간에서 주 서식지인 자병산이 사라지는 등 분포면적이 점점 줄어들고 있다.

멸종위기의 고유종 구상나무

한국 고유속은 아니지만 꼭 알아둬야 할 고유종이 있다. 바로 소나무과의 구상나무(*Abies koreana*)다. 속명인 '아비에스(*Abies*)'는 전나무로 뾰족한 잎을 뜻하며, 종소명은 한국에서 자라는 식물을 뜻한다. 국명은 제주 방언 '구상낭'에서 유래하였는데, 성게를 뜻하는 구살에서 변화한 '구상'과 나무를 뜻하는 '낭'의 합성어이다. 세계자연보전연맹(IUCN)은 구상나무를 멸종 위험이 높은 생물로 선정하여 목록화한 적색목록(Red List)에 올려 세계적 위기종(EN)으로서 야생에서 매우 높은 절멸 위기에 직면한 종으로 보고 있다. 구상나무는 한라산, 지리산, 덕유산, 가야산의 해발 1,000m 이상의 고산지대에만 자라면서 고산 기후에 적응해 왔으나, 최근 급격한 기후 온난화와 가뭄에 적응하지 못하고 고사하는 개체가 눈에 띄게 증가하고 있다.

2014년 나고야의정서가 발효되고 우리나라는 2017년 98번째로 당사국이 되었다. 세계 각국은 생물자원(유전자원)을 이용할 경우 이용자가 제공국의 사전 승인을 받고, 이익을 공유해야 하는 나고야의정서의 내용에 따라 자국 법을 강화하였다. 우리나라도 우리 고유종의 국외반출을 관리하는 한편, 기업들은 자생종, 그중에서 고유종을 산업 소재로 이용하기 위한 방안에 대한 관심이 증가하고 있다. 우리 고유종은 우리나라가 유일하게 이용 권한을 가지고 있는 소중한 생물이다. 우리가 가진 고유종을 보전하고 후대에 고유의 자원으로 물려주기 위해서는 제도적으로 보전을 위해 노력하는 한편으로 우리의 관심이 밑바탕이 되어야 한다. 우리 땅에서 오랫동안 함께한 우리 식물들, 앞으로도 오랫동안 이 땅에서 함께하기를 바란다.

한국일보 2020.8.15.

©김희만

한라산 구상나무 숲

노루귀 눈 속에서 꽃을 피워내는

글. 남기흠

쌓인 눈을 뚫고 나와 꽃을 피워내 설할초, 파설초라고도 불리는 노루귀는 복수초, 바람꽃과 더불어 봄을 알리는 대표적인 꽃 중에 하나이다. 꽃이 피고 나중에 나오는 새잎이 노루의 귀를 닮았다고 해서 이름이 붙여졌다.

우리나라 식물 중에는 노루발, 노루오줌, 노루삼 등 노루의 이름을 딴 것들이 많다. 노루발은 잎이 노루의 발 모양을 닮아서, 노루오줌은 노루의 오줌 냄새가 난다고, 노루삼은 노루가 좋아하는 삼이라는 뜻으로 붙여진 이름이다. 특히 복수초, 바람꽃과 더불어 봄을 알리는 대표적인 꽃 중에 하나인 노루귀는 꽃이 피고 나중에 나오는 새잎이 노루의 귀를 닮았다고 해서 붙여진 이름이다. 눈 속을 뚫고 꽃을 피워 설할초, 파설초라고도 한다. 학명은 *'Hepatica asiatica'*로 'Hepatica'는 라틴어로 '간'이라는 뜻이다. 잎이 간 모양으로 비친 데서 명명되었으며, 영어명도 간(liver)을 뜻하는 'Liverleaf'다. 일본명은 삼각초이다.

노루귀

노루귀

새끼노루귀

노루귀는 세계적으로 8종이 있고, 동아시아와 러시아, 인도, 유럽, 북중미 지역에 분포한다. 우리나라에는 3종류가 분포한다. 제주도와 울릉도를 제외한 육지에서는 꽃이 먼저 피고 잎이 나오는 노루귀가, 남해안 섬지역과 제주도에서는 꽃과 잎이 작게 변형된 새끼노루귀가, 울릉도에서는 개체가 크고 상록성인 섬노루귀가 자란다. 새끼노루귀와 섬노루귀는 우리나라에서만 자라는 고유종이다.

노루귀는 미나리아재비과의 여러해살이풀로 전국의 모든 산과 들의 양지에서 볼 수 있다. 키는 8~20cm로 전체에 희고 긴 털이 많이 난다. 잎은 뿌리에서 나며 잎몸은 세 갈래로 갈라진 삼각형이다. 잎 밑은 심장 모양이고, 앞면에 얼룩무늬가 있는 경우도 있다. 꽃은 3~5월에 잎보다 먼저 피고, 뿌리에서 꽃줄기에 올라와 꽃줄기 끝에 1.0~1.5cm 정도 크기로 하나의 꽃이 핀다. 꽃잎처럼 생긴 꽃덮개는 흰색, 분홍색, 보라색의 다양한 색으로 7~12장이 돌려 나온다. 열매는 익어도 껍질이 갈라지지 않는 형태(수과)이다.

노루귀는 약재명으로 '장이세신'이라 하며, 뿌리가 달린 전체를 햇볕에 말려 약재로 쓴다. 진통, 진해(기침을 멎게 함), 소종(부은 종기나 상처 치료)의 효능이 있어 두통, 치통, 복통 등에 주로 이용된다. 또한 잎에 무늬가 있고, 꽃색이 다양하며, 겹꽃으로 개량도 쉬워 여러 품종이 원예용으로 개발되었다.

세계일보 2020.3.6.

섬노루귀

묵은실잠자리
겨울을 견뎌내는

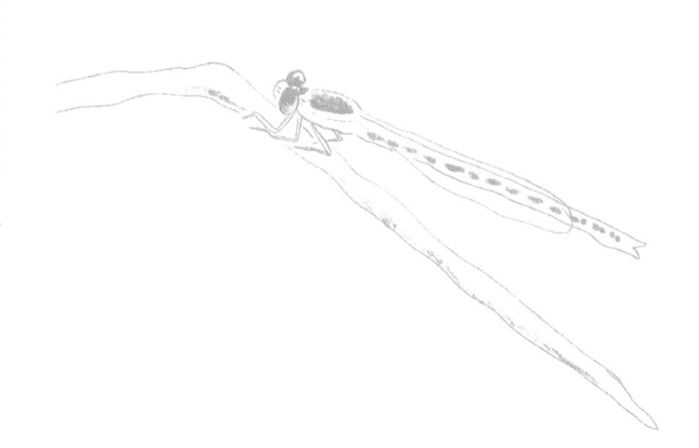

글. 김태우

물가 주변 풀밭이나 무덤가에서 흔히 볼 수 있는 묵은실잠자리는 생김새도 수수해서 갈색의 마른 나뭇가지처럼 생겼다. 약한 모습과 달리 추위에 견디는 내성이 강해 영하의 겨울 날씨와 눈보라에도 끄떡하지 않는다. 그래서 영어 이름도 시베리아겨울실잠자리이다.

'동짓날이 추워야 풍년 든다'는 옛말이 있다. 본격적인 겨울이 시작되는 동지에 날이 추워야 해충이 줄어 농작물은 건강하게 자랄 수 있어서이다. 변온동물인 곤충에게 겨울은 먹을 것도 없고 쉴 곳도 마땅치 않은 고난의 계절임에 틀림없다. 그런데 한겨울에도 멀쩡하게 살아있는 잠자리가 있다면? 묵은실잠자리가 그 주인공이다.

겨울을 넘겨 한 해를 묵는다는 의미로 붙은 이름이 묵은실잠자리이다. 우리나라 초대 곤충학자 조복성 교수가 생태 특성을 따서 붙인 이름으로, 흔히 사람들에게 '묵은지' 잠자리라고 소개하면 잘 기억한다. 묵은실잠자리는 1877년 중앙아시아 투르키스탄에서 처음 신종으로 발표되었고, 우리나라에서는 일제강점기인 1932년 평양, 정방산 등 북한의 몇몇 지역에서 처음 보고되었다.

여름이 끝날 무렵 물가 주변 풀밭이나 무덤가에서 흔히 볼 수 있는 묵은실잠자리는 생김새도 수수해서 갈색의 마른 나뭇가지처럼 생겼다. 약한 모습과 달리 추위에 견디는 내성이 강해 영하의 겨울 날씨와 눈보라에도 끄덕하지 않는다. 그래서인지 영어 이름도 시베리아겨울실잠자리이다. 대체로 무기력한 상태지만 끈질기게 겨울을 지내고 이듬해 따뜻한 봄이 오면 활기를 되찾아 먹이 활동과 번식 활동을 시작한다. 암컷이 물풀에 산란하면 부화한 유충은 6~7월에 약 2개월간 왕성하게 성장하는데, 성충에 비하면 상대적으로 유충 시기는 짧다. 아마도 겨울에 물이 꽝꽝 어는 한지성 기후에 적응한 특성으로 여겨진다.

우리나라에서는 흔한 묵은실잠자리가 유럽에서는 멸종위기종으로 관심 대상이다. 유라시아 대륙의 동쪽인 아시아 지역에는 비교적 흔하지만, 서쪽인 유럽에는 매우 희소하여 네덜란드, 이탈리아 등 지중해 여러 나라에서 적색목록에 올려 관리하고 있다. 멸종위기종인 만큼 서식지 확인과 월동 상태에 관한 유럽의 연구 보고가 있다. 열감지 카메라로 촬영한 결과, 겨울을 견디는 에너지는 몸통 중심인 가슴 근육에서 생성된다고 한다. 곤충은 흔히 변온동물이라 저온에 약할 것으로 추측하지만, 묵은실잠자리는 적극적으로 발열하는 능력을 갖추고 있는 셈이다.

나뭇가지에 붙어 된서리를 맞은 채 꿋꿋이 버티는 모습이 겨울에 촬영된 바 있고, 겨우내 김치냉장고에서 넣어두었을 때 죽지 않고 살아났다는 얘기도 있다. 월동 생존율을 조사했을 때 이들의 개체수 감소에 영향을 미치는 요인도 결코 추위가 아니었다. 오히려 설치류 등 천적의 포식 활동이나 가축, 사람에 의한 겨울 서식처의 훼손이 근본 원인으로 고려된다고 한다.

세계일보 2020.1.3.

묵은실잠자리

보잘것없는 행동의 상징 민충이

글. 김태우

이놈은 이름만 보아도 영리하지 못하고 민하다는 것을 알 수 있지만 사실 생긴 모양과 하는 행동을 보면 민충이에 조금도 틀림이 없다. 몸은 말할 수 없이 뚱뚱하여 돼지같이 미련하게 생겼고 걸어 다니는 모양도 어기적어기적 그야말로 꼴불견이다. 이놈이 어느 날 하늘에나 올라가서 좀 놀다 내려오겠다는 생각을 내고 쑥대를 벌렁벌렁 기어 올라가다가 겨우 중간쯤 올라가서 하는 말이 "과연 하늘이 높기도 하다."고 한숨을 쉬었다니 참말 민충이에 틀림이 없다. _ 조복성 「곤충 이야기」

한국산 여치과 곤충 중 가장 크고 북한에만 산다는 민충이, 녀석에 대한 궁금증과 만나보고 싶은 열망은 메뚜기 연구를 처음 시작할 당시부터 간절했다. 1993년 한국곤충연구소 메뚜기목 소장 표본을 정리한 논문에 민충이에 관한 언급이 있다. 이북 출신인 조

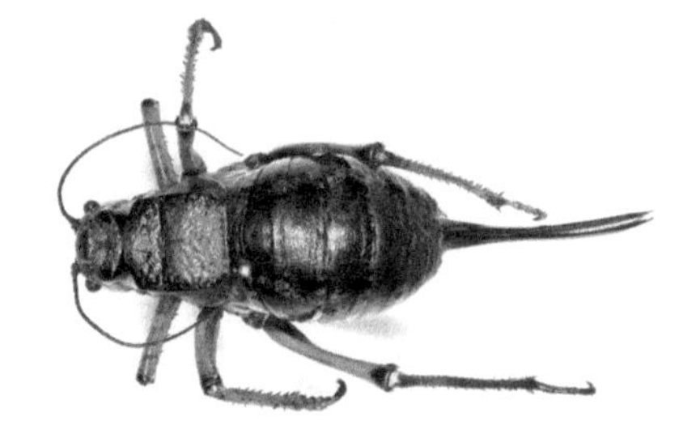

민충이 수컷(좌), 민충이 암컷(우), 홋카이도 대학 소장

복성 교수가 민충이에 대해 남긴 글과 그림은 그가 직접 민충이를 채집해 보고 잘 알았다는 것을 뒷받침했지만, 표본은 없었다. 조복성 교수가 몸담았던 고려대학교 표본실에 단서가 남아있을까? 고려대학교는 필자의 대학원생 시절 연구실과 가까워 들를 때마다 표본 상자를 일일이 끄집어내 살펴보곤 했지만 끝내 찾지 못했다.

북한 출신의 故이승모 선생(함평곤충연구소)은 분명 민충이를 잘 알고 있을 것 같았다. 이승모 선생은 어린 시절 고향인 평양 대동강변에서 민충이를 직접 잡아보았다고 했다. 선생은 그렇게 희귀종은 아니지만, 북한에서도 평안도와 황해도 지역에 서식하기 때문에 남한에서는 보기 어렵다고 했다. 만약 남한에서 본다면 황해도와 가까운 인천 앞바다 섬에서 발견될 가능성이 가장 높다고 조언했다. 마침 백령도 조사를 하게 되어 민충이가 출현할 계절에 유사한 서식 환경을 찾아보았지만, 아무런 소득이 없었다.

북한산 표본이 많이 보관된 헝가리 자연사박물관에는 과연 민충이가 있을까? 세 차례의 방문에도 불구하고 민충이 표본을 확인하지 못했다. 시간이 흘러 2011년에야 일본 홋카이도 대학에 방문한 국립생물자원관 곤충연구팀이 찍어온 한반도산 표본 중에서 마침내 민충이 암수를 확인할 수 있었다!

민충이에 대한 우리나라 기록은 전부 잘못된 동정으로 실체를 모르는 비전문가들이 크고 뚱뚱한 스타일의 여치나 메뚜기에 민충이라는 종명을 엉뚱하게 갖다 붙인 것이다(심지어 제주도 기록도 있다!). 민충이는 한국산 여치과 종 중에 유일하게 더듬이가 겹눈 아래에 붙어 있으며, 독특한 상자 모양의 앞가슴등판과 짧은 날개로 구별할 수 있다.

한반도의 과거 역사를 증명할 소중한 표본들이 우리나라에 없고 타국에 나가 있는 현실에서 에둘러서라도 민충이를 살펴볼 기회가 생겨 행운이었다. 하지만 한편으로는 걱정스러운 것이 민충이가 선호하는 저지대 강변이나 건조한 황무지 같은 서식처는 사람에 의한 훼손을 겪기 쉬운 곳이라는 것이다.

인천일보 2020.3.6.

봄밤의 세레나데 꼬마여치베짱이

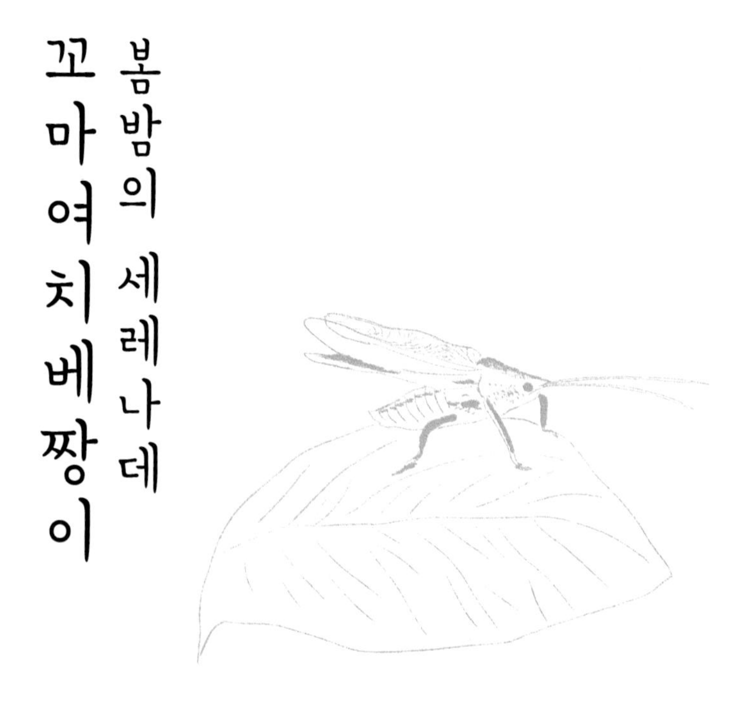

글. 김태우

여치도 아니고 베짱이도 아니어서 여치베짱이라고 이름이 붙여진 꼬마여치베짱이는 우리나라 제주도와 서남부에 서식하는 남방계 메뚜기 중 하나이다. 제주도에서 처음 채집되어 탐라매부리라고도 불린다. 여치베짱이보다 상대적으로 작아 꼬마라는 이름이 붙여졌지만 중대형 메뚜기에 속한다.

어느 날 방송국에서 연락이 왔다. “5월의 봄인데, 제주도에 가면 밤중에 풀밭에서 어떤 소리가 들리나요? 방송자료로 나가야 하는데…” 많은 이들이 알다시피, 동시녹음이 아니면 영상에 따로 소리 입히는 작업이 이루어지기에 온 연락이었다. 그렇다면 그맘때 밤중에는 어떤 풀벌레 소리가 어울릴까?
우리의 관념 속에 가을 풀벌레 소리는 익숙하지만, 봄밤엔 왠지 어색하고 낯선 것 같다. 이때 들을 만한 소리의 주인공은 꼬마여치베짱이가 대표적이다. ‘찌이-’ 하고 단순하지만 볼륨감 있는 소리는 마치 고압선 전기가 흐르는 것 같다.

꼬마여치베짱이 성충(좌)과 유충(우)

꼬마여치베짱이(*Xestophrys javanicus*)는 1999년 고려대학교 한국곤충연구소 표본실을 방문했을 때 처음 발견했다. 머리가 뾰족한 여치류를 이리저리 관찰하며 핀을 옮겨 꽂다 보니, 갈색의 통통한 체형에 유난히 뒷다리가 짧은 표본을 발견했다. 표본 아랫면을 뒤집어 보니 입 주변과 가슴판이 짙은 검정 색깔인 특징도 있었다.

전남 영암 두륜산에서 6월에 채집된 단 한 마리 표본인데, 다른 여치류에 비해 채집 시기가 매우 일렀다. 암컷이라 산란관이 배 끝에 돌출해 있는데, 길이 역시 다른 유사종에 비해 매우 짧았다. 일본 도감에 풀밭에서 성충으로 월동하는 미기록종이라고 나와 있었다.

'아, 봄에 찾아야겠구나!'라고 생각하던 차에 2000년 5월, 남부지방 출장 기회가 왔다. 전남 영암 월출산, 같은 산은 아니었지만 기대해 볼 만했다. 아니나 다를까, 한밤중에 도착한 월출산에는 '찌이이-'하는 강도 높은 풀벌레 소리가 여기저기서 들려왔다! 200m 이상 떨어진 곳에서도 들리는 선명한 울음소리를 듣고 채집한 녀석은 내가 찾던 바로 그 종의 수컷이었다.

눈에 잘 띄는 높은 곳에 올라가 우는 습성 때문에 찾기가 어렵지는 않았다. 주변을 손전등으로 비추어 여러 마리의 수컷과 함께 근처에 있던 암컷도 채집했다. 이후 제주도와 서해안에서도 이 종을 채집하여 2002년 미기록종 '꼬마여치베짱이'로 발표하게 되었다. 이 이름은 기존에 알려진 여치베짱이에 비해 작은 크기 때문에 붙인 것이다.

처음 이 종이 알려진 곳은 인도네시아의 자와섬이다. 상당히 남쪽에 사는 종류가 어떻게 한반도까지 오게 되었을까? 한반도 주변의 과거 지도와 해류의 영향을 고려하면 남방계 곤충들은 한반도의 서남부 지방을 북방한계선으로 분포하고 있는 것 같다. 열대지방이라면 다른 많은 소리에 묻혀 별로 신경 쓰이지 않을 잡음이겠지만, 다른 풀벌레 소리가 별로 없는 우리나라의 봄밤에 뚜렷하게 들리는 꼬마여치베짱이의 울음소리는 무척 인상적이다.

세계일보 2020.3.20.

각시붕어
말조개에 알을 낳는

글. **김병직**

서해와 남해로 흘러가는 하천의 중·하류와 저수지, 말즘이나 붕어말이 무성하고 물흐름이 적은 저수지, 연못에는 이름처럼 아름다운 각시붕어가 살고 있다. 지역에 따라 각시붕어는 꽃붕어, 납작붕어, 납세미 등 색깔과 모양을 반영해 여러 이름으로 불린다.

개나리 초록 이파리를 터트리고, 벚나무 하얀 꽃잎을 떨어낸다. 진한 봄 내음 코끝에 닿으면, 물속에도 어김없이 봄기운이 찾아든다. 새 생명을 준비하는 물고기도 짝짓기에 분주하다. 펄 속에는 다른 생물에게 육아를 맡기는 작은 물고기가 있다. 잉어목 잉어과에 속하는, 길이 5cm 정도의 담수어류 각시붕어는 민물조개의 몸 안에 알을 낳는 것으로 유명하다. 납작한 타원형 몸통에 동그란 눈과 앙증맞은 작은 입이 도드라지고, 노란빛 도는 청회색 바탕에 등·뒤·꼬리지느러미에는 주황 띠가 있고, 뒷지느러미 가장자리는 먹물에 찍은 듯 검다. 꼬리자루에는 하늘색 띠가 선명하다. 서해와 남해로 흘러가는 하천 중·하류와 저수지의 펄이 깔리고 말즘(하천이나 저수지에 자라는 여러해살이풀)이나 붕어말이 무성한 정수역(물이 흐르지 않는 저수지, 연못 등)을 좋아한다. 지역에 따라 꽃붕어, 납작붕어, 납세미 등 색깔과 모양을 반영한 여러 이름으로 불린다.

물고기는 저마다 독특한 방식으로 세대를 이어간다. 알을 낳아 흩뿌리거나 돌 표면에 한 층으로 정교하게 붙이기도 하고, 알 덩어리를 만들어 바위틈이나 모래 속에 숨기기도 한다. 이와 달리 다른 물고기의 산란장에 알을 낳아 맡기기도 한다. 각시붕어가 속한 무리는 2장의 단단한 껍질을 가진 말조개의 몸속에 알을 낳는다. 이맘때 암컷 각시붕어는 가느다란 잿빛 산란관을 길게 뽑아낸다. 말조개의 숨구멍인 출수공에 산란관을 흘려 넣어 노란 타원형 알을 낳으면, 수컷이 재빨리 수정시킨다. 이틀이 지나면 부화하는데 이때 새끼 각시붕어 머리에는 돌기가 돋아있다. 말조개 날숨에 튕겨 나가지 않기 위함이란다. 한 달 정도 조개 몸 안에서 보호를 받으며 제법 물고기 모양을 갖춘 새끼 각시붕어는 드디어 조개 몸에서 험난한 물속으로 빠져나온다. 말조개도 산란을 위해 다가오는 각시붕어 몸에 제 새끼를 뿜어 붙여 멀리 떠나보낸다. 이 둘은 서로 돕고 의지하며 오랜 기간을 함께 살아왔다. 하천 하류에 차곡히 쌓여가는 고운 펄. 다른 생명에게 숨구멍을 내어주는 민물조개가 살고 있다면 건강한 펄임이 틀림없다. 물이 아무리 맑아도 말조개가 살 수 없다면 각시붕어의 장래는 밝지 않다. 이들이 서로 기대며 살아가듯 우리 삶도 자연과 오래오래 함께하길 기대해본다.

세계일보 2020.4.17.

각시붕어

숭어 세상을 엿보는 물고기

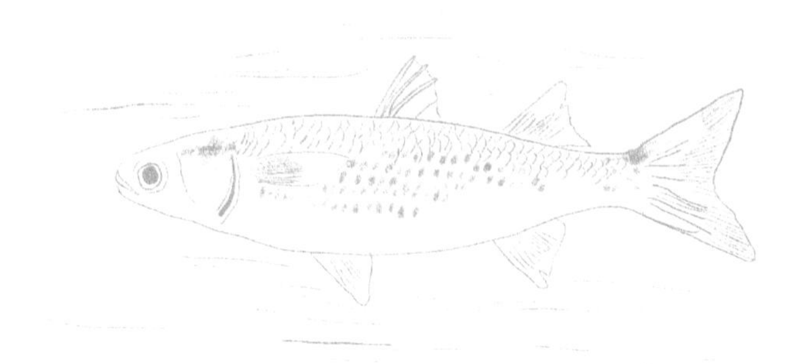

글. 김병직

남이 한다고 하니까 무작정 따라 할 때 비유적으로 '숭어가 뛰니까 망둥이도 뛴다'라고 한다. 숭어가 수면 위로 뛰어오르는 이유에는 크게 두 가지 학설이 있다. 하나는 포식자로부터 도망치기 위해서, 다른 하나는 공기 호흡을 하기 위해서다.

우리나라 서해에는 세계에서도 보기 드문 갯벌이 드넓게 펼쳐져 있다. 아마존의 울창한 밀림은 지구의 허파요, 잿빛 광활한 갯벌은 바다의 콩팥이라 부르기도 한다. 갯벌이 품고 있는 뛰어난 자연정화 능력 때문이다. 물고기 중에서도 갯벌이 중요한 삶의 터전인 종류가 몇몇 있다. 가끔 수면 위로 뛰어올라 사람 사는 세상을 엿보는 물고기, 숭어를 만나보자. 숭어는 분류학적으로 숭어목 숭어과에 속한다. 크기가 보통 50cm 정도이며, 다 자라면 1m가 넘기도 한다. 우리나라에는 숭어를 포함하여 가숭어, 등줄숭어, 큰비늘숭어, 솔잎숭어, 초승꼬리숭어, 넓적꼬리숭어 등 모두 7종이 살고 있다. 그중 동·서·남해 어디에서나 쉽게 만날 수 있는 녀석이 바로 숭어다. 방추형의 늘씬한 몸매에 2개의 낮은 등지느러미, 넓은 꼬리지느러미, 선명한 은백색 바탕에 등 쪽은 연한 회갈색, 옆면을 따라 머리 뒤쪽에서 꼬리자루까지 4~5줄의 회갈색 띠가 밋밋함을 달랜다. 가슴지느러미 부근에 찍힌 진한 청회색 반점이 멋스럽다. 날이 풀리면 하구나 연안 해수 표층에서 떼를 지어 헤엄치는 모습을 종종 볼 수 있다.

우리나라 고문헌에 숭어가 처음 기록된 것은 약 550년 전인 1469년이다. 조선 전기의 문신 하연(河演)이 편찬한 「경상도속찬지리지(慶尙道續撰地理誌)」를 보면, 김해 부남포의 어량(물고기 잡는 도구)에 '水魚(수어)'가 잡혔다고 적혀있다. 조선 후기 조재삼(趙在三)이 편찬한 유서 「송남잡지(松南雜識)」에는 숭어 이름에 대한 재미있는 이야기가 실려 있다. 대부도에서 잡힌 숭어를 맛본 중국 사신이 그 이름을 물었다. 통역관이 水魚(수어)라 답하자, "수어가 아닌 물고기가 있다더냐?"고 사신이 되물었다. 이에 "백가지 물고기 가운데 맛이 가장 뛰어나서 빼어날 수(秀), 秀魚(수어)라 합니다."라고 답하자 사신은 수긍했다 한다. 겨울을 나며 살이 차지고 고소해진 숭어는 首魚(수어), 崇魚(숭어), 鯔魚(치어)라는 한자로도 기록되어 왔다. 보리 이삭이 팰 무렵 숭어는 가장 맛이 뛰어나기에 보리숭어라고도 불린다. 지역과 크기에 따라서 숭어는 100가지가 넘는 다양한 이름으로 불린다. 인천 지역에서는 어린 고기의 성장에 따라 살모치, 모쟁이, 사시리로 달리 부르며 성어는 숭어, 뚝다리라고 한다.

남이 한다고 하니까 무작정 따라 하려 할 때 비유적으로 '숭어가 뛰니까 망둥이도 뛴다'라고 한다. 숭어는 왜 물 밖으로 뛰어오를까? 물고기가 수면 위로 뛰어오르는 이유에 대해서는 크게 두 가지 학설이 있다. 하나는 포식자로부터 도망치기 위해서, 다른 하나는 공기 호흡을 하기 위해서다. 숭어는 주로 혼자서 비스듬하고 낮게 수면 위로 뛰어올라 몸을 뒤틀어 떨어지곤 한다. 이를 근거로 숭어의 도약은 호흡에서 이유를 찾는다. 숭어의 먹이터가 비교적 물속에 녹아있는 산소의 양이 적은 갯벌의 바닥층이라는 점도 공기 호흡에 한 표를 더한다. 올봄에는 세계 5대 갯벌로 유명한 강화갯벌이나 영종도 해안가에 들러 숭어의 힘찬 도약을 살짝 엿보면 어떨까?

인천일보 2020.4.28.

숭어

카네이션만큼 매력적인 패랭이꽃

글. 정은희

꽃의 모양이 옛날 모자 중 하나인 패랭이를 뒤집은 것과 닮았대서 패랭이꽃이라 불리며 바위에서 자라는 대나무꽃이란 뜻으로 석죽화(石竹花)란 이름도 있다. 관상용으로 심는 지면패랭이꽃은 패랭이꽃이란 이름을 갖고 있으나 패랭이꽃과는 전혀 다른 식물이다.

5월은 감사의 달이다. 어버이날과 스승의 날을 맞아 카네이션 꽃으로 감사의 마음을 전한다. 카네이션은 석죽과에 속하는 식물로 지중해 연안이 원산이다. 학명은 다이안서스 카리요필러스다. 다이안서스는 그리스어인 디오스(제우스)와 안토스(꽃)의 합성어인 '신의 꽃'이란 뜻이고, 카리요필러스는 카리욘(정향)과 필로스(잎)가 합쳐진 말로 정향(정향나무의 꽃봉오리)의 냄새가 나서 붙여졌다. 카네이션은 미국에서 한 여성이 돌아가신 어머니가 좋아했던 카네이션을 달기 시작하면서 어머니에 대한 사랑을 상징하는 어머니날의 기념 꽃으로 쓰이게 되었다. 우리나라는 5월 8일을 어머니날로 지정해 오다 1973년 어버이날로 확대되었다.

겹으로 붉게 피는 카네이션의 원종은 꽃잎이 5장으로 갈라지며 가장자리는 마치 핑킹 가위로 잘라놓은 것처럼 톱니 모양을 하고 있다. 다양한 색과 풍성한 겹꽃으로 품종이 개량되었고 사계절 내내 꽃을 피우는 품종도 있다. 카네이션과 유사한 종으로 우리나라에는 패랭이꽃이 널리 자란다. 꽃의 모양이 옛날 모자 중 하나인 패랭이를 뒤집은 것과 닮았대서 패랭이꽃이라 한다. 바위에서 자라는 대나무꽃이란 뜻으로 석죽화(石竹花)라고도 불리는데, 석죽과에 속하는 식물은 줄기의 마디가 부풀어 있는 생김이 대나무의 마디처럼 보이기도 한다. 마디를 감싸는 잎의 끝은 뾰족하고 마주난다. 6~8월에 붉은 보라색의 꽃이 피는데, 꽃잎은 5갈래로 갈라지고 꽃잎의 2배수인 10개의 수술과 2개로 갈라지는 암술을 갖는다.

우리나라에는 패랭이꽃과 함께 흰 꽃이 피는 흰패랭이꽃, 꽃잎이 잘고 깊게 갈라져서 장식용 술처럼 생긴 술패랭이꽃, 키가 작은 난쟁이패랭이꽃, 꽃 크기가 작고 줄기 끝에 여러 개가 빽빽하게 모여 달린 수염패랭이꽃 그리고 바닷가에서 자라는 갯패랭이꽃 등이 있다. 화단이나 길가, 도로변에 관상용으로 심는 지면패랭이꽃은 패랭이꽃이란 이름을 갖고 있으나 패랭이꽃과는 전혀 다른 식물이다. 다섯 갈래로 갈라지는 분홍빛 꽃이 매우 닮았지만 꽃고비과에 속하는 식물로 북아메리카가 고향인 식물이다. 땅패랭이꽃 또는 꽃잔디라 불리기도 한다. 카네이션은 튤립, 장미, 국화와 더불어 소비가 많이 이루어지는 대표적인 꽃이다. 카네이션만큼이나 매력적인 우리나라 패랭이꽃으로 착한 소비도 하고 고마운 마음을 전해보는 것도 좋을 듯하다.

세계일보 2020.5.1.

패랭이꽃

생존에 불리한 모습의 뚱보주름메뚜기

글. 김태우

흔적뿐인 짧은 날개와 느린 동작으로 이동성이 결여된 이 곤충은 자신의 서식처가 파괴되면 결국 생존에 위협을 받게 된다. 이들이 선호하는 서식지인 구릉지와 야산이 인간에 의해 개발되면서 이들은 멸종위기에 처하게 되었고 점점 사라지고 있다.

메뚜기 조사를 하며 전국 방방곡곡을 다니다가 강원도 산골에서 멸종위기 곤충인 뚱보주름메뚜기를 어렵게 만난 적이 있다. 순간 필자의 기억은 초등학교 시절로 돌아갔다. 어디서 보았는지 구체적인 장소까지 선명하게 떠올랐다. 그도 그럴 것이, 작은 날개에 커다란 몸통, 두꺼비처럼 느릿느릿 걷는지 뛰는지도 모를 움직임은 처음 본 사람이라도 이 생명체를 기억하기에 충분히 인상적인 모습이었기 때문이다. 연구를 위해 우리나라에 안 다닌 곳이 없다고 생각했는데, 가까스로 강원도 영월에서야 뚱보주름메뚜기를 발견한 이유는 무엇일까?

뚱보주름메뚜기는 1888년 극동러시아 아무르 지방에서 신종으로 기재되었고 한국에서는 1970년 북한 평양에서 처음 보고되었다. 7~9월에 왕성한 다른 메뚜기들에 비해 이른 시기인 4~6월이 활동기이다. 1970~1980년대에 주로 도시 근교 산에서 채집한 표본들이 많은 것을 보면, 뚱보주름메뚜기는 분명 전국 평지 야산이나 무덤가에 살던 보통 메뚜기였던 것 같다. 그런데 어떠한 환경변화, 아마도 도시개발의 영향으로 삶터에서 밀려나 우리 곁에서 사라진 것이 아닐까? 흔적뿐인 짧은 날개와 느린 동작은 새로운 서식처를 찾아 이동하기에 불리해 원래 서식처가 파괴되면 그 자리에서 사라질 뿐이다. 이들이 선호하는 구릉지와 야산은 도시개발로 점점 줄어들며 집단적으로 없어지는 상황이다. 더구나 이들의 생태 특성도 생존에 불리하다. 뚱보주름메뚜기 암컷 한 마리는 평균적으로 17.9개의 알을 낳는데 메뚜기치고는 너무나 적은 수다. 낙엽을 닮은 보호색 이외에 크고 뚱뚱한 체형은 천적에게 들키기 쉬운 데다 잡혀도 깨물거나 사납게 방어할 줄 모른다.

이런 점들을 고려해 뚱보주름메뚜기는 2017년 처음 멸종위기 야생생물 II급 곤충으로 지정되었다. 아직 해외 분포지인 중국 동북부나 극동러시아 지역에서 이들 개체군 변화에 대한 논의는 없으나, 아무르 고유종으로 서식지의 남방한계인 남한에서 이들의 분포상 변화를 빨리 감지해 생물다양성 감소에 대비할 필요가 있다.

세계일보 2020.6.12.

뚱보주름메뚜기(암컷)

개구리 울음소리

안정과 힐링을 주는

글. 도민석

때 묻지 않고 청정한 환경이 유지되는 곳, 아마존 정글에 있다고 생각해보라. 검은 밤이 드리우면 반짝이는 별빛 아래 고요한 습지 주변은 '삐용~ 삐용~ 삐용~' 하는 우드콕 개구리의 달콤한 선율로 가득 채워진다. 번잡한 사회로부터 벗어나 자유롭게 자연 속에 동화된 나 자신을 느끼고 눈을 감고 바람 소리, 풀잎 흔들리는 소리, 풀벌레와 개구리 소리에 귀 기울이며 근심과 시름을 떨쳐낸다. 복잡한 현대화 시대를 살고 있는 사람들은 자연에서 소리 자원을 얻어 자율감각 쾌락반응(ASMR)으로 뇌를 자극해 심리적인 안정과 힐링을 얻고자 한다. QR-1

지방에서 보냈던 필자의 어린 시절, 밤이 되면 아마존 정글에서처럼 집 주변의 논밭과 하천 주변에서 다양한 개구리의 소리를 쉽게 들을 수 있었다. 어디서도 "꽥 꽥 꽥" 하는 청개구리의 울음소리는 흔하게 들을 수 있는 자연의 소리였다. 하지만 요즘은 도시화로 인해 많은 논밭의 양서류 서식지가 사라지고, 제초제 사용과 기계화된 경작법, 환경오염 등으로 주변에서 개구리 울음소리를 점차 들을 수 없게 되었다. 안타깝지만, 현재 아이들은 자연이 주는 아름다운 소리를 쉽게 들을 수 없는 시대에 살게 되었다. 우리나라에는 모두 13종의 개구리가 서식한다. 각각의 종들은 주어진 서식 환경에 적응하고 진화하여 서로 다른 모습으로 각기 다른 소리를 뽐내며 자신을 드러낸다. 이제는 쉽게 들을 수 없는 개구리 울음소리 뒤에 숨겨진 기능과 역할을 알아보고, 각각의 종들이 어떠한 모습으로 어떻게 울음소리를 내는지 영상을 통해 소개하고자 한다.

개구리의 의사소통 QR-2

개구리들은 왜 울음소리를 낼까. 그 이유는 주로 번식행동과 관련이 있으며, 크게 세 가지 유형의 상황에 따라 울음소리와 행동을 달리하여 상대에게 자신의 의사를 전달한다. 첫째로, 수컷이 암컷을 유혹하기 위한 '구애의 신호'다. 대부분 수컷은 일정한 리듬의 소리를 반복적으로 내는데, 암컷은 수많은 수컷의 울음소리 중 가장 마음에 드는 소리를 찾아 짝짓기 상대로 다가간다. 둘째로, 자기 세력권에 침입한 다른 수컷에게 보내는 '경계의 신호'다. 불규칙하게 긴 간격을 두고 큰 소리로 상대를 위협하며 쫓아낸다. 셋째로, 암컷과 포접 중에 다른 수컷이 접촉해 올 때의 '경고의 신호'다. 자신에게 다가오지 말라는 의미에서 짧은 간격으로 빠르게 소리 내며 상대를 밀친다.

번식기 때, 암컷에게 구애하고 있는 청개구리(수컷)

울음주머니가 잘 발달한 북방산개구리

울음주머니가 잘 발달하지 않은 한국산개구리

QR-2로 연결하면 포접한 수컷 두꺼비가 자신에게 접촉하는 다른 수컷들에게 '경고의 신호'로 울음소리를 내며 밀쳐내는 모습이 담겨있다. 재미있는 것은 수컷 두꺼비들이 포접하고 있는 상대가 생태계를 교란하는 외래종 황소개구리라는 사실이다.

더 크게 더 멀리

개구리의 울음주머니는 소리를 더 크게 멀리까지 전달하게 해주는 기관으로, 암컷에게 자신의 위치를 알리고 매력을 표현하는 역할을 한다. 울음주머니가 발달하지 않은 종들은 반경 1m 이내에서만 소리가 전달되지만, 잘 발달한 일부 종들은 1,000m 이상 떨어진 거리까지 소리를 전달할 수 있다. 울음소리를 내기 위해 개구리들은 먼저, 공기를 들이마신 후 콧구멍과 입을 막고 폐를 팽창시킨다. 그런 다음 폐에서 울음주머니로 공기를 왕복시켜 목구멍을 통해 소리를 낸다. 이때, 울음주머니가 반복적으로 부풀어 오르는데, 이로 인해 더 크게 더 멀리 울음소리가 울려 퍼진다. 울음주머니가 잘 발달한 종들은 울음소리가 크고 뚜렷하지만, 그렇지 못한 종들은 후두기관으로만 낮은음의 작은 울음소리를 낸다. 개구리들은 종별로 울음주머니의 위치와 크기, 형태가 서로 다르다. 그에 따라 모든 종은 서로 다른 울음소리를 내며, 번식이 가능한 동일 종의 소리를 식별해 내어 짝짓기를 한다. 따라서 울음소리만으로 개구리의 종류를 구별할 수 있다. 예를 들어, 우리나라 멸종위기 야생생물 II급 종인 맹꽁이는 턱 아래에 한 개의 큰 울음주머니가 있어 '맹-꽁 맹-꽁' 하는 소리가 크게 멀리까지 울려 퍼지지만, 우리나라 고유종인 한국산개구리는 울음주머니가 발달하지 않아 '딱' 하는 작고 짧은 소리를 낸다.

개구리 소리를 들으려면

개구리 소리는 어디에서 들을 수 있을까? 개구리 서식지인 산지 계곡이나 논 습지, 하천 등과 같이 주로 물이 있는 곳에서 들을 수 있다. 그러나 모든 종류의 개구리 소리를 우리나라 전역에서 들을 수 있는 것은 아니다. 각각의 종들이 서식하고 있는 지역이 서로 다르기 때문이다. 예를 들어, 참개구리와 청개구리는 제주도를 포함한 전 지역에 분포하고 있는 종들로, 우리나라 대부분의 산지 주변 논 습지에서 쉽게 울음소리를 들을 수 있다. 수원청개구리와 금개구리는 서쪽 지방 주변부에만 분포하고 있는 멸종위기종이라서 이들 지역 평지 주변의 일부 논 습지에서만 울음소리를 들을 수 있다. 더욱이 개구리들은 번식기에 맞춰 울기 때문에 시기를 놓치면 울음소리를 들을 수 없다. 그럼, 우리나라에 서식하고 있는 개구리 10종의 울음소리와 모습을 QR코드를 통해 살펴보고, 자연에서 개구리들이 주로 언제, 어디서 울음소리를 내는지 알아보자.

턱 아래 한 개의 울음주머니를 가진 맹꽁이

고막 아래 한 쌍의 울음주머니를 가진 참개구리

봄소식을 전하는 북방산개구리 QR-3

북방산개구리 울음소리는 음이 높고 맑다. 은쟁반에 은구슬이 빠르게 '또르르' 굴러가는 소리와 비슷하다. 주로 수중에서 울음소리를 내며, 수컷들은 암컷을 유혹하기 위해 턱 아래 울음주머니 한 쌍을 부풀려 '오그그그그', '오그그그그그' 하는 소리를 낸다. 봄철 2월 말부터 4월 사이 우리나라 전역의 계곡 또는 산지 주변 논과 수로, 웅덩이, 습지 등지에서 쉽게 들을 수 있다.

우리나라 고유종, 한국산개구리 QR-4

한국산개구리 울음소리는 음이 낮고 맑다. 주로 수심이 낮은 수중에서 울며, 울음주머니가 발달하지 않아 후두기관으로 소리를 낸다. 수컷 개체들은 암컷을 유혹하기 위해 '딱, 딱, 딱' 하는 작은 소리를 여러 번 반복해서 낸다. 봄철 2월 말부터 4월 사이 제주도를 제외한 전 지역의 산지 주변 논밭과 하천, 습지 등에서 들을 수 있다. 주변 환경에 민감하고, 매우 작은 소리로 짧게 울기 때문에 귀를 기울이지 않으면 쉽게 들리지 않는다.

어디서나 쉽게 듣던 무당개구리와 청개구리, 참개구리 QR-5, 6, 7

무당개구리 울음소리는 음이 비교적 낮다. 대부분의 개체는 뭍보다는 수중에서 울음소리를 낸다. 일반적으로 '꾸욱 꾸욱 꾸욱' 하는 소리를 여러 번 반복적으로 낸다. 4월부터 6월 사이 초여름에 우리나라 전역의 산지 주변 논밭과 수로, 웅덩이, 하천 등지에서 쉽게 들을 수 있다.
청개구리 울음소리는 음이 높고 맑다. 대체로 수중보다는 땅 위나 풀잎 또는 나뭇가지 위에서 울음소리를 낸다. 일반적으로 '꽥, 꽥, 꽥, 꽥' 하는 소리를 여러 번 리듬감 있게 반복하며, 지역과 개체에 따라 음 높이에 약간의 차이를 보인다. 울음주머니는 비교적 잘 발달되어 있으며, 턱 아래 있는 한 개의 울음주머니를 부풀려 소리를 낸다. 4월부터 6월 사이 초여름에 우리나라 전역의 산지 및 평지 주변 논 습지, 밭, 웅덩이, 하천 등지에서 쉽게 들을 수 있다.
참개구리 울음소리는 비교적 중간음이다. 주로 수중에서 울음소리를 낸다. 일반적으로 '까르르르르 까르르르르' 하는 소리를 반복적으로 낸다. 턱 아래 두 개의 울음주머니를 부풀려 소리를 내는데, 울음주머니는 비교적 잘 발달되어 있다. 4월부터 6월 사이 초여름에 우리나라 전역의 산지 및 평지 주변 논밭, 웅덩이, 하천, 습지 등지에서 쉽게 들을 수 있다.

멸종위기종인 수원청개구리와 맹꽁이, 금개구리 QR-8, 9, 10

수원청개구리 울음소리는 음이 높으며 맑다. 청개구리 소리와 유사하지만 음이 더 높고 속도는 좀 더 느리다. 개체 대부분은 논 습지에 자라나는 벼를 앞다리로 붙잡고 울음소리를 낸다. 이들은 자신의 턱 아래에 있는 울음주머니 한 개를 부풀려 '꽹-꽹-꽹' 하는 소리를 여러 번 리듬감 있게 반복한다. 5월부터 7월 사이 여름철에 경기도와 충청남도, 전라북도의 평지 주변 논에서 들을 수 있다.

맹꽁이 울음소리는 음이 비교적 낮고 맑다. 대부부 뭍보다는 수중에시 울음소리를 낸다. 일반적으로 '맹-맹-맹' 하는 소리와 '꽁-꽁-꽁' 하는 소리를 내는데, 이러한 두 소리가 합쳐져 귀에는 '맹-꽁-맹-꽁-맹-꽁' 하는 소리로 들린다. 맹꽁이들은 턱 아래 한 개의 울음주머니를 크게 부풀려 소리를 낸다. 6월부터 8월 사이 장마철에 강원도를 제외한 일부 지역의 산지 및 평지 주변 밭과 습지, 웅덩이 등지에서 들을 수 있다.

금개구리 울음소리는 높은 음과 중간 음 두 가지가 있다. 대부분의 개체는 수중에서 소리를 낸다. 일반적으로 초반부에는 '쪽- 쪽-' 하는 소리를 내며, 후반부에는 '끄르르르' 하는 소리를 낸다. 턱 아래 두 개의 작은 울음주머니를 부풀려 소리를 내는데, 울음주머니는 그다지 발달되어 있지 않다. 5월부터 7월 사이 여름철에 경기도와 충청남도, 전라북도의 평지 주변 논, 하천 및 수로, 웅덩이 등지에서 들을 수 있다.

다양한 소리를 가진 옴개구리QR-11

옴개구리 울음소리는 음이 비교적 낮고 탁하다. 대부분의 개체가 수중보다는 뭍에서 소리를 낸다. 일반적으로 '따따따딱 따따따딱' 하는 소리를 반복적으로 내고, 상황 및 주변 환경에 따라 '쪽-' 또는 '끄르륵 끄끄끄끄끄끄끄' 하는 여러 형태의 소리를 낼 수 있다. 울음주머니가 없다고 알려져 있으며, 턱 아래 후두 조직을 이용해 소리를 낸다. 5월부터 8월 사이 여름철에 제주도를 제외한 우리나라 전 지역의 계곡과 산지 주변 저수지, 논, 수로 및 웅덩이 등지에서 들을 수 있다.

생태계 위해 외래종, 황소개구리QR-12

황소개구리 울음소리는 음이 비교적 낮다. 이름처럼 황소 울음과 비슷한 소리를 낸다. 대부분 뭍보다는 수중에서 울음소리를 낸다. '우음-우음-'과 같은 소리를 불규칙적으로 낸다. 턱 아래 울음주머니 한 개를 크게 부풀려 소리를 낸다. 4월부터 7월 사이 여름철에 남부지방의 산지 및 평지 주변 논밭과 수로, 웅덩이, 하천 등지에서 들을 수 있다.

지켜줘요, 개구리 소리

제초제·살충제와 같은 농약과 화학비료 사용, 기계화된 영농은 논 습지를 주요 서식지로 이용하는 개구리들의 생존에 부정적인 영향을 끼치고 있다. 더욱이, 최근에는 도시화와 도로 공사, 농지 개발 등으로 개구리 울음소리 감소세가 가속화되고 있다. 개구리는 조류와 어류, 포유류 등 다양한 분류군의 주요한 먹이 자원이자, 유해한 곤충들을 포식하는 동물이다. 생태계 먹이사슬의 중간자적 위치에 있고 생물다양성을 안정적으로 유지시켜주는 역할을 하기 때문에 필수적으로 보호해야 할 분류군이다. 개구리들과 공존하면서 이들의 아름다운 울음소리가 끊이지 않도록 하기 위해 개구리 서식지가 파괴되지 않도록 지켜야 하겠다.

동물의 소리, 무형의 자연자원

동물의 소리는 종간 의사소통의 신호이자 생태 경관을 구성하는 소중한 무형의 자연자원이다. 하지만, 급격한 기후변화와 환경파괴로 멸종 위험도가 높은 종들이 많아지고 있어 현존하는 동물의 소리를 지속적으로 들을 수 있을지는 불확실하다. 국립생물자원관에서는 동물들의 소리를 후손들에게 물려주고, 소리 자원으로 활용하기 위해 소리은행을 구축하고 있다. 소리은행은 개구리뿐만 아니라 곤충과 조류, 포유류 등 다양한 동물의 울음소리를 지속적으로 수집 및 분석하는 것이 주요 목표이다. 이를 통해 생물의 의사소통과 소리의 의미를 파악하는 한편, 동물 소리 음원 제공과 자생생물 소리도감 발간 등 교육과 생태보전적인 측면에서 다양하게 기여하고 있다. 국립생물자원관 '한반도의 생물다양성' 홈페이지(https://species.nibr.go.kr)에 방문하여 생물종 이름을 검색하면, 이번에 소개한 10종의 개구리 울음소리 외에도 다양한 동물의 울음소리를 들을 수 있다.

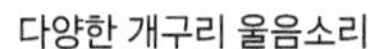

한국일보 2020.5.23.

다양한 개구리 울음소리

풀벌레 메뚜기의 사랑과 전쟁

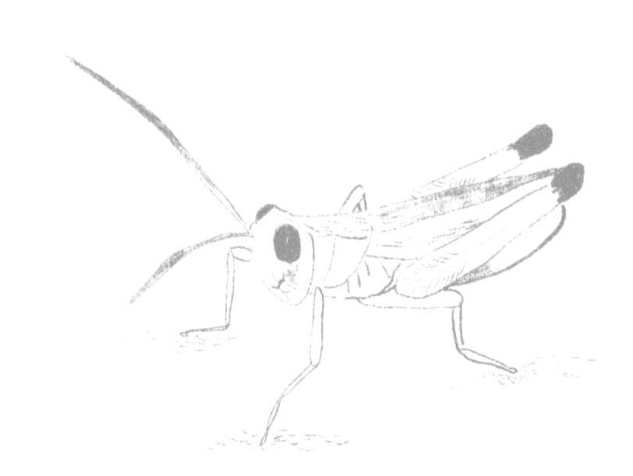

글. 김태우

메뚜기는 짝을 찾기 위해 시각과 청각이 잘 발달한 곤충으로 풀밭에 살면서 울음소리를 내는 특징이 있다. 여름과 가을에 걸쳐 메뚜기들이 내는 다양한 울음소리와 짝짓기에 얽힌 생태 이야기를 소개한다.

뚜렷한 성적 이형

겉으로 암수가 잘 구별되지 않는 곤충들이 많지만, 메뚜기들은 암수 구분이 뚜렷하다. 우선 암컷은 배 끝에 알을 낳는 기관인 산란관이 길게 나와 있다. 종류에 따라 칼, 창, 바늘, 낫, 갈고리 모양을 하고 있다. 수컷은 앞날개 시맥이 복잡하고 소리를 내는 울음판을 갖추고 있다. 대부분 암컷이 수컷보다 커서 2배 이상 차이가 나기도 하며 몸의 비율상 수컷은 암컷보다 더듬이가 더 길고 겹눈도 더 크다. 감각기관은 짝짓기에 적극적인 수컷이 암컷에 비해 발달한 편이다. 한편으로, 삽사리나 청날개애메뚜기 같은 종은 암수의 색깔과 날개 모양이 전혀 달라 짝짓기 하는 모습을 보기 전까지 같은 종인지조차 알기 어렵다.

풀밭과 나무 위에서 울기 시작

여름이 오면 메뚜기 애벌레들은 일제히 날개를 돋으며 성충으로 우화하고, 수컷들은 서서히 다리나 날개를 떨며 울기 시작한다. 처음에는 짧고 단순한 소리를 한 번씩 내다가 성숙해짐에 따라 점점 길고 완성도 높은 소리를 낸다. 울음소리를 내는 습성에 따라 낮에 우는 메뚜기 무리와 밤에 우는 베짱이 무리로 크게 구별할 수 있는데, 어느 것이나 암컷을 가까이 유인하기 위해 수컷이 적극적으로 소리를 낸다.

땅바닥 돌 밑이나 땅굴 속에서는 귀뚜라미와 땅강아지가, 낮은 풀숲에서는 긴꼬리와 방울벌레가 울음을 운다. 가시덤불 속에서는 여치와 철써기가, 키큰나무 위에서는 중베짱이와 청솔귀뚜라미가 소리를 낸다. 이 장소들은 주로 깃들여 사는 환경이기도 하지만, 자신의 소리를 가장 뽐낼 수 있도록 선택한 공간이기도 하다. 소리는 사인곡선을 그리는 물결 파동으로 굴절, 반사, 회절, 증폭, 공명 현상을 겪는다. 이들은 이런 물리적 특성을 이용해 자신의 소리를 먼 곳까지 전달하려고 애쓴다. 도시에 사는 귀뚜라미는 건물 구석이나 인공 구조물의 빈곳을 활용하기도 한다. 모두 자신의 소리를 돋보이게 하려는 전략이다.

울음소리를 내는 다양한 방식

메뚜기의 외골격은 소리를 내기에 적합한 단단한 큐티클(유리막) 껍질로 되어 있다. 낮에 우는 메뚜기들은 뒷다리를 재빠르게 앞뒤로 움직여 앞날개에 비비는데, 이때 뒷다리 안쪽에 줄지어 있는 까끌까끌한 돌기가 날개맥과 마찰을 일으켜 소리를 낸다. 밤에 우는 베짱이와

밑들이메뚜기가 짝짓기 상대를 착각해 나방 애벌레에 붙었다

분홍날개섬서구메뚜기의 짝짓기

우리벼메뚜기의 짝짓기

긴날개밑들이메뚜기를 짝으로 오인한
한국민날개밑들이메뚜기(수컷)

귀뚜라미는 양쪽 앞날개가 현악기처럼 긁는 부분과 소리를 증폭하는 부분으로 나뉘어 있고 앞날개를 번쩍 세우고 가슴근육을 빠르게 수축 이완시켜 내는 날개의 마찰음은 공중으로 멀리 전달된다. 날아갈 때만 우는 방아깨비나 콩중이도 있다. 비행할 때 '따다다닥~' 하는 경쾌한 소리를 낸다.

귀뚜라미나 방울벌레의 울음소리는 사람의 가청 주파수 영역에 가까워 대부분 잔잔하고 듣기에 좋다. 하지만 매부리나 여치베짱이 등의 울음소리는 초음파 영역에 가까워 귀에 거슬리는 편이다.

짝짓기 경쟁

메뚜기는 다윈이 제안한 성 선택 이론의 훌륭한 모델이다. 수컷들 간의 외적인 경쟁과 암컷들의 은밀한 정자 선택 이론을 모두 보여준다. 메뚜기 커플을 관찰하다 보면, 실제 짝짓기 하는 시간은 채 30분이 되지 않는데, 여전히 몇 시간씩 붙어있는 것을 볼 수 있다. 이는 짝짓기를 마친 수컷이 다른 경쟁자의 접근을 막기 위해 암컷을 호위하는 행동이다.

암컷의 뱃속에는 저정낭이 있어 알 낳을 때까지 짝짓기한 수컷의 정자를 보관할 수 있다. 정자에 비해 난자 수가 턱없이 모자라 보관된 정자 중 가장 마지막에 짝짓기한 수컷의 정자가 대부분의 알을 수정시킬 수 있다. 그래서 수컷은 자신의 유전자를 남기고자 산란 직전까지 다른 수컷이 접근하지 못하도록 암컷을 지키려고 한다.

수컷 밑들이메뚜기 중에는 특히 앞다리, 가운뎃다리가 보디빌더처럼 굵은 종들이 있다. 암컷에게 강하게 붙어있기 위한 경쟁으로 발달한 특징이다. 인기 있는 암컷에게는 흔히 수컷 2~3마리가 붙어서 서로 발로 차고 떨어뜨리려는 짝짓기 경쟁을 목격할 수 있다. 아예 수컷들끼리 치고받는 싸움을 벌이는 종도 있다. 수컷의 머리가 크고 납작한 모대가리귀뚜라미는 수컷들끼리 만나면 서로 머리를 디밀며 힘겨루기를 한다. 탈귀뚜라미도 박치기와 깨물기, 사납게 울기를 반복하는 등 수컷들 간의 경쟁이 치열하다.

모대가리귀뚜라미(수컷)

탈귀뚜라미(수컷)

눈과 귀와 입을 즐겁게

메뚜기는 암컷의 몸집이 더 큰 까닭에 수컷이 무조건 달라붙는다고 짝짓기가 이루어지지 않는다. 암컷이 준비가 안 되었거나 맘에 들지 않으면 힘센 뒷다리로 걷어차 떨어뜨리기 때문이다. 수컷들은 이러한 신체적 열세를 벗어나고자 갖은 애교로 암컷의 환심을 산다. 우선 수신호를 하는 종류가 있다. 더듬이나 앞다리가 유별나게 굵거나, 혹은 뒷다리 안쪽에 특징적인 무늬가 있는 종들은 자신의 매력을 발산하는 부위를 깃발처럼 흔들어댄다. '나야 나, 나 좀 봐', 이런 식이다.

울음소리는 보이지 않는 곳에서도 수컷의 품질을 드러내는 좋은 징표다. 암컷은 대개 굵고 낮은 중저음을 선호하는데, 이는 상대적으로 무거운 체중을 반영한다. 수컷들은 암컷이 가까이 다가오도록 꾀어내는 유인음, 암컷이 가까이 다가오면 구애하는 교미음, 그리고 짝짓기를 마친 후에는 암컷을 달래는 후희음까지 다양한 소리를 낸다.

암컷에게 먹을 것을 선물로 주는 종류도 있다. 긴꼬리 수컷은 날개 밑 앞가슴샘에서 분비물을 내어 암컷이 그것을 핥는 동안 교미를 한다. 자신의 뒷날개나 뒷다리 가시를 뜯어 먹도록 하는 수컷도 있다. 여치류가 교미 때 내놓는 정자 주머니는 매우 특별한 선물이다. 경우에 따라서는 주머니가 수컷 체중의 30%를 차지할 만큼 크며, 주성분은 젤라틴 단백질이다. 실제로 암컷은 짧은 짝짓기를 마치고 나면 조용한 곳에서 배 끝에 부착된 정자 주머니를 천천히 뜯어 먹는다. 정자 주머니가 크면 클수록 먹는 데 시간이 오래 걸려 정자가 안전하게 암컷 몸속으로 이동할 수 있다. 실험에 따르면, 이렇게 수컷이 제공한 영양물질을 섭취한 암컷이 더 많은 알을 낳을 수 있다고 한다.

수컷이 암컷을 선택하기도

풀밭을 천천히 걸으며 메뚜기 울음소리를 듣다 보면 일정한 간격이 유지된다는 것을 알 수 있다. 자기 영역을 독차지하려는 성향이 강한 수컷들이 서로의 소리를 알아듣고 그만큼 거리를 두는 것이다. 이 영역 안으로 암컷이 들어오면 대환영이지만, 낯선 수컷이 침범하면 싸움이 벌어진다. 세력권이 약한 종의 경우 한곳에 모여 커다란 합창 소리를 내기도 한다.

유난히 선명하고 뚜렷한 풀벌레 소리를 따라가 보면 인기 만점의 수컷을 만날 수 있다. 줄베짱이 수컷 주변에 암컷 4마리가 모인 것을 본 적도 있다. 이렇게 수컷보다 암컷의 수가 많을 때는 수컷이 암컷을 고르기도 한다. 특히 커다란 정자 주머니를 만드는 종은 한 번에 많은 투자를 하는 관계로 짝짓기를 자주 할 수 없다. 그럴 때 수컷은 등 위에 올려 보고 가장 무거운 암컷과 교미한다. 하지만 수컷이 암컷을 골랐다고 하여 자신의 유전자가 몽땅 전달되는 것은 아니다. 암컷이 다른 수컷과 짝짓기를 할 수도 있고, 암컷 뱃속의 저정낭은 길고 배배 꼬여있는 경우가 많아 생식세포 수준에서 내밀한 선택이 일어난다.

짝짓기 경쟁을 하는 방아깨비 수컷 2마리

참밀들이메뚜기의 짝짓기

팥중이의 산란

도청꾼과 흉내쟁이

풀벌레 울음소리는 짝을 찾는 구애의 소리다. 때로는 이 세레나데가 뜻하지 않게 천적을 불러들여 죽음의 노래가 되는 일도 있다. 소리 엿듣기 혹은 신호 가로채기 현상이다. 기생파리 중에는 메뚜기 울음소리를 들을 수 있는 특별한 귀를 가진 종류가 있다. 기생파리 암컷이 귀뚜라미나 베짱이의 울음소리를 들으면 몰래 접근해 떼기 어려운 곳에 자신의 알을 낳아 붙인다. 알을 깨고 나온 구더기는 이 숙주의 숨구멍을 통해 내부 장기로 잠입해 서서히 영양분을 갈취하며 자란다. 마침내 번데기에서 기생파리가 나오면 숙주는 죽고 만다. 곤충 소리를 성대모사하여 사냥하는 재주꾼 새도 있다. 오스트레일리아 쏙독새는 땅강아지 소리를 기가 막히게 흉내 내, 같은 종인 줄 알고 접근하면 잡아먹는다.

후세를 남기고 내년을 기약

한 해가 저물어 가면 날씨와 함께 왕성하던 메뚜기의 행동도 변한다. 밤이 추워지면서 여름철 밤에 울던 녀석들이 한낮에도 울기 시작한다. 변온동물인 곤충은 온도에 특히 민감하여 고온에서는 열심히 빠르게 울지만, 저온에서는 천천히 느리게 운다. 그래서 귀뚜라미 울음소리의 박자를 계산하면 기온을 알 수 있다고 하여 '온도계 귀뚜라미'라는 말이 생겼다. 실제로 기온보다는 메뚜기의 체온 상태가 더 중요한데, 똑같은 기온에서도 그늘에 있으면 천천히 울고 햇볕 아래에 있으면 빠르게 운다.

짝짓기를 마친 암컷은 저마다 선호하는 장소에 알을 낳는다. 여치나 귀뚜라미는 긴 산란관을 땅에 푹 꽂으며, 메뚜기는 평소보다 배가 길게 늘어나 땅속 깊숙이 알을 낳는다. 산란을 앞둔 암컷은 땅속 환경이 내년 봄까지 알을 무사히 보존하기 적합한지 온·습도와 토질 등을 점검하고 마음에 들어야 알을 내려보낸다. 나뭇가지나 잎사귀를 썰어 조직 사이에 알을 낳는 종류도 있다.

번식기가 끝날 무렵이면 늙은 수컷들은 마지막으로 사력을 다해 노래를 부른다. 우리 귀에는 애처롭게 들리기까지 한다. 이때에는 사람이 가까이 다가가도 별로 무서워하지도 않고 도망치지도 않는다. 아마도 짝짓기는 이미 마쳤을 텐데, 왜 우는 걸까. 곤충 시인 파브르는 이런 답변을 했다. 그들은 삶의 환희를 노래하는 것이라고….

한국일보 2020.9.19.

공생의 지혜를 가진 개미

글. 김기경

사람은 혼자서 살아갈 수 없다는 말이 있다. 사람은 상호관계 속에서 살아가며, 그것 없이는 삶의 의미가 없다는 말일 게다. 사람뿐만 아니라 모든 생물이 이 관계 속에서 살아간다. 단순한 먹이사슬을 넘어 얽히고설킨 종간 관계를 개미의 세계를 통해 들여다본다.

생물의 관계를 알기 위해서는 깃대종과 핵심종은 무엇이며 어떻게 영향을 주는지 알 필요가 있다. 깃대종(Flagship species)은 1993년 유엔환경계획(UNEP)이 발표한 생물다양성 국가 연구에 관한 가이드라인에서 제시한 개념이다. 생태계에 분포하는 여러 종 가운데 사람들이 중요하다고 인식하고 있는 종 또는 중요하여 보호할 필요가 있는 생물종들을 가리킨다. 깃대종은 생태계에서 직접적 영향을 주는 핵심종(Keystone species)일 수도 있고 또는 간접적인 영향을 주는 종일 수도 있다. 그래서 국제적으로 인정받는 시베리아호랑이 등이 있는가 하면, 강원도 홍천의 열목어, 충청남도 청양군의 수리부엉이, 덕유산의 반딧불이 등이 있다. 깃대종은 생물다양성에 간접적 영향을 주거나 상징적인 반면에 핵심종은 생태계에 직접적 영향을 미친다. 핵심종의 멸종에 따라 편리공생(공생자 한쪽은 이익이지만, 다른 한쪽은 아무런 손익이 없는 관계)을 했던 종들은 그 지역에서 모두 멸종의 길로 갈 수 있다.

부전나비와 뿔개미의 공생

영국의 국립육상생태연구소 소장을 지낸 그레이엄 엘름스 박사는 점박이푸른부전나비의 일종인 부전나비와 뿔개미에 대해 30여 년간 연구하였다. 그는 이 연구에서 뿔개미는 토끼, 양, 소들이 풀을 뜯어 먹어 초본의 크기가 짧은 초원을 선호하고, 점박이부전나비의 애벌레를 개미집으로 가져와서 번데기가 될 때까지 키운다는 것을 확인했다. 점박이푸른부전나비가 애벌레 시기일 때 뿔개미(*Myrmica ant*)에게 친근한 페로몬을 발산하고 아미노산이 풍부한 분비물을 먹이로 제공하기 때문이었다. 초지 환경의 변화는 뿔개미의 분포에 영향을 미치고, 뿔개미의 분포에 따라 부전나비의 밀도나 서식지 생물다양성에 영향을 준다. 뿔개미는 부전나비의 핵심종 역할을 하지만, 뿔개미의 분포에 영향을 주는 초지의 변화는 초식성 동물인 토끼나 양 등에 의해서 그 지역의 생태계가 유지되는 것이다.

다양한 형태의 생활상

벌의 무리에 속하는 개미는 머리, 가슴, 배로 뚜렷이 구분되며 가슴과 배 사이에 배자루 마디가 있다. 같은 종이라도 여왕개미, 일개미, 수개미로 3가지 계급으로 구분하고 각각의 역할 또한 다르다. 개미는 무리를 이루어 함께 살아가는 사회생활을 하는 곤충이다. 같은 종에서도 개체에 따라 병정개미와 일개미로 구분한다. 어떤 종은 분포 지역 간

한국홍가슴개미와 담흑부전나비 애벌레

두마디개미류와 배나무동글밑진딧물(쑥뿌리 기생)

주둥이왕진딧물과 공생하는 풀개미

개미꽃등에 애벌레와 공생하는 곰개미

지리적 변이가 있다. 지구상에는 1만 5,000종 이상의 개미가 살고 있다. 개미들은 일시적 사회 기생(*Formica*속, *Lasius*속 등)을 하는 종, 노예사냥을 하는 종(*Polyergus*속), 종별 단독생활을 하는 종들이 있다. 식물의 가지나 줄기 또는 뿌리에 의존해서 서식하는 종(*Camponotus*속, *Crematogaster*속, *Lasius*속 등) 등 다양한 형태의 생활상을 보인다. 개미들은 바닷가 평지에서 높은 산까지 고도별로 다양한 종들이 분포한다. 습지 주변, 건조한 지역, 농지, 울창한 숲 속이나 숲과 농경지의 가장자리 등 서로 다른 환경에서도 다양한 종들이 살아간다. 대부분 종간 먹이 경쟁은 하지 않지만, 종종 서식공간이 인접한 동종 간에 치열한 전투가 벌어지기도 한다. 다양한 환경 조건에서 살아가는 개미들 중 일부 종들은 단일 종의 군집으로 생존하기보다는 이종 간에 서로 협력을 하거나 다른 종을 사육하면서 살아는 방법을 찾아냈다.

공생의 방법을 찾아낸 개미

개미들은 최소 6,500만 년 이상 생존하면서 이종 간에 함께 살아가는 공생이라는 협력 방법을 터득하고 깃대종으로서 역할을 한다. 개미 중에서 활동성이 높은 특정 종들은 이종 간 공생을 하지 않고 개체군을 번영시켰으나 일부 활동력이 적은 종들은 나무의 수피, 토양 속 작은 공간, 낙엽층 또는 썩어가는 통나무 속에서 지금까지 생존해 왔다. 개미는 한반도에 128종(2018 국가생물다양성 통계자료집, 국립생물자원관)이 분포한다. 대부분의 개미가 다른 생물들과 공동생활을 하면서 핵심종 역할을 한다. 개미와 함께 살아가는 종들로는 딱정벌레목의 반날개, 나비목의 부전나비, 벌목의 고치벌, 파리목의 기생파리, 매미목의 진딧물, 좀목 등이 있다. 어느 한쪽이 필요로 하는 편리공생인지, 아니면 서로 도움을 받는 상리공생인지는 공생종의 생태적 연구가 필요하다. 그러나 여왕개미가 다른 종의 여왕개미를 공격하여 개미집 전체를 약탈하거나, 특정 개미가 다른 종의 개미집을 공격해서 일개미 고치나 애벌레를 약탈해서 노예로 부린다. 기생파리는 개미의 배 등 특정 부위에 산란해서 종을 번식시키고, 딱정벌레나 파리목의 등에, 나방(곡식좀나방과, *Ippa conspersa*) 등은 개미집으로 유입과정이 확인되지 않았지만 개미집에서 공생한다.

대륙을 이동하는 개미

국가 간의 교역량이 증가하면서 대륙 간 생물종의 이동이 빈번해졌다. 최근 우리나라에서 독성을 지닌 붉은불개미(*Solenopsis invicta*)가 부산항, 평택항 등에서 확인되어 문제가 되었다. 개미과의 두마디개미아과(Myrmicinae) 열마디개미속(Solenopsis)의 이 개미류는 크기가 2.5~6mm이며 남미가 원산이다. 사람의 이동에 따라 북미, 유럽, 아시아 지역으로 옮겨 가서 각 지역의 생물다양성에 큰 영향을 준 종이다. 이 불개미는

쌍꼬리부전나비(멸종위기 야생생물 II급)

담흑부전나비

번식력이 강하고 천적이 없어 토착 개미, 파충류, 소형 포유류를 집단으로 공격하여 자연생태계를 교란하는 대표적인 개미이다.

부전나비의 생존을 책임진 개미들

「한반도의 나비」(백문기, 자연과생태)에 보면 개미류와 함께 사회적 기생(Social parasitism)을 하는 나비는 17종이며, 개미는 21종이 연관되어 있다. 우리나라에는 부전나비 79종(2018 국가생물다양성 통계자료집, 국립생물자원관)이 분포한다. 이것으로 볼 때 애벌레 시기부터 대부분의 부전나비가 개미와 공생할 수 있다. 그래서 생물다양성 보전 및 부전나비의 복원을 위해서는 관련 개미 분야의 연구가 필요하다.

환경부 지정 멸종위기 야생생물 II급인 쌍고리부전나비는 암먹부전나비, 푸른부전나비, 범부전나비와 함께 마쓰무라밑드리개미와 공생을 한다. 풀개미속의 고동털개미(*Lasius japonicus*)는 남방부전나비, 암먹부전나비, 푸른부전나비, 산푸른부전나비, 벚나무까마귀부전나비, 부전나비, 붉은띠귤빛부전나비, 금강산귤빛부전나비, 범부전나비와 공생을 한다. 점박이푸른부전나비 4종은 모두 뿔개미 5종과 공생을 한다. 멸종위기종인 쌍꼬리부전나비의 분포와 밀도는 핵심종인 마쓰무라밑드리개미에 의해서 결정된다. 이 개미는 땅속보다는 나무의 죽은 가지에 있는 딱정벌레 헌 집을 활용하여 살아간다. 쌍꼬리부전나비를 증식 복원하려면 개미가 살기 좋은 숲을 유지해야 한다. 그래야 개미의 서식지 밀도가 증가하면서 쌍꼬리부전나비의 개체수도 늘어난다.

쌍꼬리부전나비는 성충을 연 1회 여름에 볼 수 있다. 이때 소나무, 신갈나무, 노간주나무 등에 알을 깐다. 공생종인 이 개미가 서식처로 특정한 나무를 선호하는 것은 아니라 쌍꼬리부전나비의 산란 장소도 다양할 수 있다. 마쓰무라밑드리개미는 쌍꼬리부전나비의 애벌레를 물고 개미집으로 들어가거나 애벌레가 직접 들어가기도 한다(한국나비생태도감, 김성수). 부전나비 애벌레는 이듬해 5월경까지 개미집에서 개미들이 주는 먹이를 먹거나 개미들의 애벌레를 잡아먹기도 한다. 이렇다 보니 쌍꼬리부전나비는 마쓰무라밑드리개미가 분포하는 곳과 밀접한 관계가 있다. 이밖에도 점박이푸른부전나비들은 뿔개미들과 공생관계를 보이며, 회령푸른부전나비와 작은홍띠점박이푸른부전나비는 주름개미와 공생한다. 대부분 북방계 생물종인 뿔개미들이 기후변화에 따라 남방한계선 북쪽으로 이동하면서 공생종인 점박이부전나비류의 서식지와 개체수가 감소하는 것으로 나타났다. 푸른부전나비, 범부전나비 등 일부 종들은 주름개미, 곰개미, 고동털개미 등 다양한 개미들과 관계를 유지하고 있다.

한 지붕 두 가족의 지혜

개미와 개미의 관계에서 곰개미(*Formica japonica*)와 사무라이개미(*Polyergus*

납작한 땅콩 모양의 껍질 속에 숨어 있는 곡식좀나방(가칭) 애벌레와 개미

곡식좀나방(가칭) 성충

풀개미와 반날개류

samurai)는 한집에서 상호 의존적으로 협력하며 살아간다. 다만 서로의 역할이 다르다. 곰개미는 집을 수리하거나 애벌레를 돌보고 먹을 것을 확보한다. 사무라이개미는 주변의 다른 곰개미 집에서 고치나 애벌레를 약탈해 오는 일들을 한다. 곰개미는 다른 이종과 함께 살 수도 있지만 대부분 단일 종으로 살아간다. 그러나 사무라이개미는 주변에 항상 핵심종인 곰개미가 존재해야 생존할 수 있다. 사무라이개미는 오랫동안 그들만의 방식으로 곰개미를 공격하고 애벌레나 고치를 약탈해서 종족을 유지해온 까닭에 이들의 생존은 곰개미의 분포와 밀접한 관계가 있다. 한집에서 이종 간에 어떻게 상호 의존적으로 살아가는지 아직 풀지 못한 의문점이 많다. 일부 진딧물과 개미의 관계에서, 개미는 진딧물을 다른 적으로부터 보호하고, 개미는 진딧물에서 나오는 물질을 먹이로 이용한다. 일부 개미들은 이동하거나 이사를 할 때 진딧물을 함께 데려가서 사육을 한다. 또는 외부의 영향을 덜 받게 하려고 흙이나 식물 조각 등으로 나무줄기의 껍질 부분에 터널을 만들거나, 땅속의 뿌리 근처로 진딧물을 이동시켜 뿌리에서 영양분을 흡수할 수 있도록 하는 경우도 있다.

생물 분야의 분류 연구가 활발하게 진행되면서 같은 집에 서로 다른 종들이 함께 살아가는 공생종 정보들이 축적되고 있다. 개미와 개미, 개미와 벌, 개미와 귀뚜라미, 개미와 나방, 개미와 파리 등은 대부분 개미가 핵심종 역할을 한다. 생물다양성 보전 측면에서 핵심종 역할을 하는 개미들도 상대 생물종에 애벌레를 희생하는 등 많은 부분을 보전해 주려고 노력한다. 특히 개미와 함께 사는 공생종은 먹을 것이 제대로 공급되지 않고 부족할 때 개미집의 개미 애벌레를 잡아먹는다. 이런 불균형 속에서도 개미들은 오랫동안 상호 관계를 유지하면서 살아왔다. 일부 종에 의존적인 종을 제외하고, 목화진딧물, 아카시아진딧물, 조팝나무진딧물 등은 수십 종의 식물을 기주로 하여 생존에 유리한 반면에 두릅쌍꼬리진딧물, 붉나무소리진딧물 등은 2~3종의 식물을 기주로 살아가기에 생존에 불리한 경우도 있다. 인위적 환경 변화나 기후변화로 인해 생물종의 개체수 감소 등 우리 생활 주변에서 다양성 변화가 나타날 때 상호 관련된 종들은 조만간 멸종의 길에 접어들 수 있다.

생물다양성은 한 종의 문제가 아니라 각 종들이 실타래와 같이 얽히고설킨 복잡한 구조다. 이를 이해할 때 생물을 보전할 수 있고 복원도 할 수 있다. 지금까지 생물 보전을 위해 취한 대부분의 연구는 목적하는 생물종의 서식지나 생물적 특성을 중심으로 이루어졌지만, 한 생물종의 완벽한 보전을 위해서는 그 종이 공생하는 친구 생물의 성질까지 이해하고 복원하는 처방법이 필요하다.

한국일보 2020.2.15.

기생조류 뻐꾸기

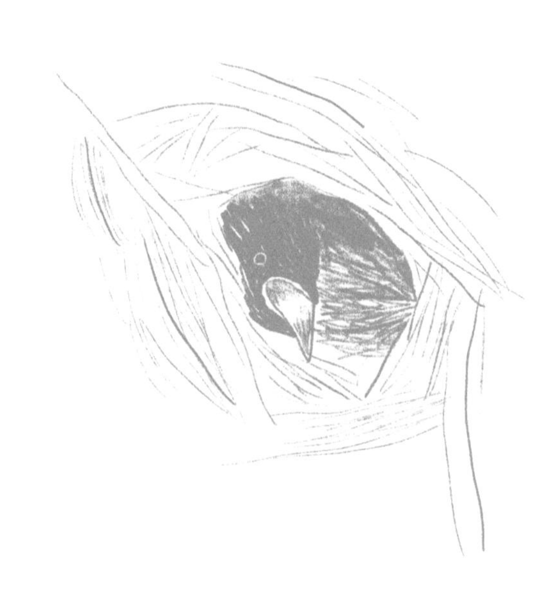

글. 김진한

새 중에서 같은 종의 다른 암컷 둥지에 알을 맡기는 종이 있지만 뻐꾸기는 전적으로 다른 종의 둥지에 탁란을 한다. 게다가 갓 태어난 새끼 뻐꾸기까지 원래 둥지 주인의 알이나 부화한 새끼를 둥지 밖으로 밀어내는 행위로 악명을 떨친다. 최근 동아시아에서 번식한 뻐꾸기가 인도를 거쳐 아프리카까지 이동하여 학계를 놀라게 했다.

새를 잘 몰라도 소리로 쉽게 구분할 수 있는 새가 있다. 봄철에 '꿩꿩'하고 목청 높여 암컷을 부르는 꿩이나 '깍깍'하는 까치, '구구'하는 비둘기 등을 꼽을 수 있다. 그중 소리로 구분하기로는 우리나라 어디에서나 울음소리를 쉽게 들을 수 있는 뻐꾸기가 단연 첫손 꼽힐 게다. 우리는 '뻐꾹 뻐꾹'으로 들리지만 일본에서는 '갓코갓코', 서양에서는 '쿠쿠' 라고 들리나 보다. 하지만 정작 몸 길이 35cm 정도에 꼬리가 길고 가슴과 배에는 가느다란 검은 띠가 가로로 여러 줄이 있는 모습을 보고 뻐꾸기로 구분해 낼 사람은 드물지 싶다.

©김진수

숙주인 붉은머리오목눈이에게 먹이를 받아 먹는 새끼 뻐꾸기

©강희만

섬휘파람새 둥지에 탁란된 두견이

©김남덕

숙주인 딱새에게서 먹이를 받아먹는 뻐꾸기 새끼

뻐꾸기가 유명한 것은 청량한 느낌의 울음소리뿐만은 아니다. 자연계에서는 보기 드물게 탁란을 하고, 부화한 새끼 뻐꾸기에게 덩치가 작은 숙주 어미새가 먹이를 먹이는 예사롭지 않은 모습이 시선을 끌기 때문이다. 뻐꾸기의 탁란에 대하여 과학적으로 연구하고 이해하기 시작한 것은 그리 오래되지 않았다. 탁란은 일종의 기생이라고 볼 수 있다. 새 중에서 원앙, 꿩, 찌르레기 등이 같은 종의 다른 암컷 둥지에 알을 맡기기도 하지만 뻐꾸기는 전적으로 다른 종의 둥지에 탁란을 한다. 게다가 갓 태어난 새끼 뻐꾸기까지 원래 둥지 주인의 알이나 부화한 새끼를 둥지 밖으로 밀어내어 숙주 새의 자식 농사를 완전히 망쳐 놓기에 더욱 악명을 떨친다.

뻐꾸기의 분포권을 보면 유럽 전역과 우리나라, 러시아 등 동북아시아 지역에서 번식하고, 겨울철에는 동남아시아 일부 국가와 인도, 스리랑카, 아프리카 등지에서 지낸다. 대부분 남북을 오가는 철새의 생태에 비추어 동북아시아권에서 번식하는 뻐꾸기는 동남아시아에서 월동할 것이라 추정해 왔다. 최근 인공위성을 통하여 철새의 이동경로를 추적하는 전파발신기가 소형화되면서 몸집이 작은 조류에까지 적용할 수 있게 되었다. 2016년 중국 베이징에서 여러 국가의 전문가로 구성된 팀이 뻐꾸기를 생포하여 이동경로를 추적한 결과 가을이 되어 동남아시아로 이동하여 월동하는가 싶더니, 서쪽으로 더 이동하여 인도를 지나 아프리카 케냐, 탄자니아를 거쳐 모잠비크까지 이동한 것을 세계 최초로 밝히게 되었다. 학계에서는 뻐꾸기가 동서로 대륙을 옮겨 먼 거리를 이동한다는 예상치 못한 결과에 흥분하였다.

뻐꾸기는 산림조류 중에서는 제법 큰 편이지만 어찌 보면 여린 구석이 있다. 다른 새들이 맛이 없어 잘 먹지 않는 털이 달린 애벌레를 주로 먹는 점과 가슴과 배의 무늬가 맹금류인 새매와 비슷하게 보여 숙주인 작은 새들이 섣불리 공격하지 못하도록 몸의 형태가 진화했다는 점에서 그렇다. 뻐꾸기는 험한 야생에서 굳건히 살아가고 새끼를 잘 키울 능력이 부족하지 않았을까? 부족한 능력 탓에 도태되지 않으려 발버둥치며 선택한 생존전략이 기생(탁란)이었지 싶다. 생태계에는 한쪽이 큰 피해를 당하는 기생보다는 서로 돕고 이익을 나누며 사는 공생도 많다.

세계일보 2020.2.21.

흙길을 걸으면

글. 송영은

'흙길을 걸으면 영리해진다'는 말이 있다. 흙길을 걷기만 해도 머리가 좋아질 수 있다니 이 얼마나 단순하고 쉬운 방법인가. 흙길을 걷는 것과 지능이나 학습 능력 간에 정말 상관관계가 있는 걸까. 나무나 흙이 있는 자연에서 하는 다양한 활동은 어린이와 청소년, 성인 모두에게 어떤 도움을 주는 것일까?

2010년 5월 25일 미국 미생물학회(American Society for Microbiology) 110회 총회에서 도로시 매슈스(Dorothy Mattews)와 수잰 젠크스(Susan Jenks)는 우울증 치료에 효과가 있다고 알려진 '특정 박테리아에 노출되는 것'이 학습 능력도 향상시킬 수 있다는 주목받는 연구 결과를 발표하였다. 이들은 '마이코박테리움 백케이'라는 박테리아에 노출된 쥐가 미로에서 길을 더 잘 찾고 불안도 줄어들었으며, 세로토닌을 더 많이 생성한다는 것을 실험을 통해 알아냈다. 또한 같은 실험을 3주 후에 실시했을 때는 이 박테리아의 효과가 유의미하게 나타나지 않았다는 결과를 내놓았다.

흙길을 걸을 수 있는 등산

국립생물자원관 주제원에서 이루어지는 야생화 탐구 수업

슬라이드표본 관찰(나비 날개)

마이코박테리움 백케이는 자연 상태의 흙속에 존재하는 박테리아다. 박테리아나 세균이라고 하면 무조건 거부하는 경향이 있는데, 실은 세균의 92~94%가 바다, 호수 등 자연생태계에서 유기물을 분해하여 생물들에게 필요한 유기양분을 공급하고 산소를 만들어내는 등 사람이 지구상에서 살아가는 데 꼭 필요한 역할을 한다. 참고로, 최근 문제가 되고 있는 '바이러스(Virus)'는 '세균'과는 다른 존재다. 세균은 양분을 먹고 스스로 유기물을 만들어 살아가며 번식하는 등 독자적인 생명활동이 가능하다. 반면 DNA, RNA와 같은 핵산과 단백질의 구성체인 바이러스는 독자적인 생명활동이 불가능하여 다른 생물체에 기생한다. 바이러스가 기생하는 생물체를 '숙주'라고 하며, 바이러스는 이 숙주 세포의 유전물질을 이용하여 생장, 번식한다. 이렇듯, 바이러스는 생물과 무생물의 경계에 있는 존재다. 학자에 따라서는 바이러스를 생물체가 아닌 입자와 같은 존재로 분류하기도 한다.

마이코박테리움 백케이는 사람들이 흙이 있는 자연에서 활동하면 호흡을 통해 몸속으로 들어가 뇌의 일부 신경세포 성장을 자극하고, 신경전달물질인 세로토닌 분비를 증가시킨다. 그런데, 불안감을 낮춰준다는 이 세로토닌이 학습 능력도 높여줄 수 있다는 거다. 게다가 그 효과는 일시적일 수 있다고 하니, 이런 효과를 제대로 얻으려면 주기적으로 흙이 있는 곳에 가야 할 것 같다.

매슈스와 젠크스는 "학교에서 마이코박테리움 백케이가 있는(흙이 있는) 야외 공간에서 활동을 포함한 학습 환경을 만들어주는 것이 아이들의 불안감을 낮추고, 새로운 것을 배우는 능력을 증진시킬 수도 있다고 생각하니 흥미롭다"며 자신의 연구 성과를 긍정적으로 평가하기도 했다.

아이들을 자연에 나가서 놀게 하면 몸을 움직이는 운동과 주변 자연물을 관찰하는 탐구 놀이를 하게 되는데, 이는 아이들의 인지와 정서 발달에 도움이 된다. 학령기(4~18세)의 신체 활동이 지각 능력, 언어 능력, 수학 능력 같은 뇌의 수행 능력 증진에 도움을 준다는 것은 많은 학자들의 연구를 통해 알려져 있다. 자연에서의 다양한 경험은 아이든 어른이든 인지발달 등 다양한 측면에 도움을 주지만, 특히 뇌에서 가장 중요한 전두엽 발달이 이루어지는 청소년기의 아이들에게 가장 큰 도움이 될 수 있다고 한다.

자연이 우리에게 주는 혜택

불안감을 감소시켜주고, 학습 능력을 향상시키는 것 이외에 자연은 또 어떤 영향을 줄까. 이런 궁금증을 과학적으로 뒷받침해주는 연구 결과나 저서들은 꽤 많다. 사회생물학자인 에드워드 오즈번 윌슨(Edward Osborne Wilson)은 자연 세계에서의 다양한 경험이 아이들의 적응 행동, 심미감, 인지, 의사소통 기술, 감각운동 등의 성장·발달에 도움이 된다고 한다. 그는 사람의 본능 속에는 생명을 사랑하는 경향이 내재해 있어 선택과 행동에 알게 모르게 큰

식물 관찰

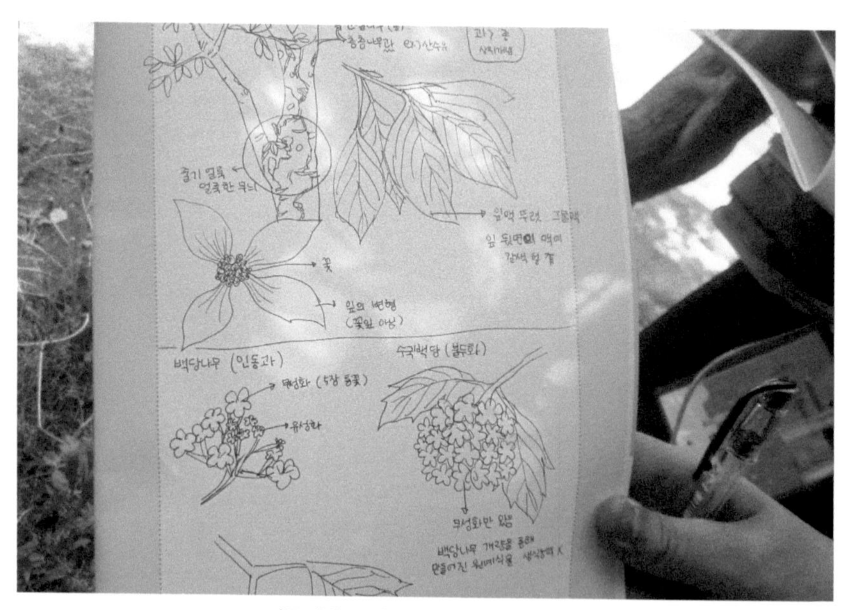

식물 관찰 후 학생들이 작성한 관찰노트

영향을 준다고 하였다. 그는 살아있는 다른 유기체에 대해 갖는 본능적이고 정서적인 유대감이자 생존 이상의 좀 더 광범위한 충만감을 채워주는 진화적 적응 형태로 '바이오필리아(Biophilia)' 이론을 제시하면서, 자연이 사람을 더 행복하고 더 현명하게 만들어준다고 설명한다.

페스탈로치는 "아이들을 자연으로 내보내라. 언덕 위와 들에서 아이들을 가르쳐라. 그곳에서 아이들은 더욱 좋은 소리를 들을 것이고, 그때 가진 자유의 느낌은 아이들에게 어려움을 극복할 수 있는 힘을 줄 것이다"라며 자연에서의 경험이 성장 후에도 영향을 끼칠 수 있음을 주장하였다. 플로렌스 윌리엄스(Florence Williams)는 자연이 우리 뇌에 끼치는 긍정적인 영향을 과학으로 밝혀보기 위해 미국과 한국, 일본, 스코틀랜드, 핀란드 등 여러 나라 연구자들을 직접 만나고 그들의 연구 결과를 조사하여 얻은 결론을 그의 저서 「자연이 마음을 살린다」(The Nature Fix, 2018)에 제시하고 있다. 그녀는 현재 미국과 영국의 아이들이 야외에서 보내는 시간은 부모 세대의 절반 수준이며, 사람들이 주로 실내에서 생활하기 때문에 근시, 비타민D 결핍, 비만, 우울, 외로움, 불안에 이르기까지 온갖 만성질환이 갈수록 심각해지고 있다고 한다. 자연은 사치가 아닌 필수라며, 여러 연구에서도 사람들이 자연에서 걸으면 도시에서 걸을 때보다 부정적인 생각을 훨씬 덜하는 것으로 나타났다고 한다.

자연이 주는 혜택에 관한 연구는 담낭수술 환자들의 회복기간에 창밖 풍경이 영향을 주었다는 로저 울리크(Roger Ulrich)의 1984년 사이언스(Science) 발표 연구가 유명하다. 이 밖에도 자연이 보이면 근로자의 생산성이 향상되고 직장인 스트레스가 감소하며, 학생의 성적과 시험 점수가 높아지고 도심 거주자의 공격성이 감소한다는 등의 관련 연구 결과가 세계 곳곳에서 제시되고 있다. 핀란드의 생태학자이자 경제학자인 리사 튀르베이넨(Liisa Tyrvainen)의 연구에서는 적어도 한 달에 다섯 시간은 자연에 머물러야 한다고 이야기한다. 도시 거주자 3,000명을 대상으로 한 자연에서의 정서 경험과 회복 경험에 관한 설문을 분석한 결과 한 달에 다섯 시간을 자연에서 보낼 때 효과가 가장 큰 것으로 나타났다고 한다. 국립공원처럼 인간의 손길이 최소화된 자연이 아닌, 도시공원이라도 이러한 효과가 있다고 한다.

생물다양성과 생물다양성 교육

지구에는 다양한 생물이 숲과 습지, 바다, 사막 등에 서식하고 있고, 이 생물들은 자신만의 고유한 유전자를 가지고 있다. 이러한 생물종, 생태계, 유전자의 다양성을 생물다양성이라 한다. 제1차 생물다양성 전망 보고서에 따르면, 전 세계에 약 1,400만 종의 생물이 사는 것으로 추정되고 있으나, 현재까지 알려진 수는 175만여 종에 불과하다고 한다. 지구상의 모든 생명체는 상호작용을 통하여 인간의 부와 행복에 기여하고 있다. 폴 R 얼리크와 앤드루 비티는 저서 「자연은 알고 있다」(Wild Solutions : How Biodiversity in Money in the Bank,

2005)에서 자연은 거대한 보물창고이고, 지구상에 생존하는 생물종들은 생물학적 자산이라고 이야기했다.

우리나라는 약 10만 종의 생물이 사는 것으로 추정되는데, 2019년 말까지 총 5만 2,826종의 생물을 밝혀냈다. 이제 절반을 겨우 넘긴 셈이다. 어떤 생물이 있는지조차 아직 다 모르니, 그 생물들이 생태계에서 무슨 역할을 하는지, 우리에게 어떤 도움이 되는지도 물론 다 알 수 없다. 생물에 대해 미처 다 알아내지도 못하고 있는데, 지금 생물들은 아주 빠른 속도로 멸종되거나 멸종될 위기에 놓여 있다. 멸종되는 생물이 많아질수록 사람도 살기가 힘들어진다. 사람도 결국 지구상에 존재하는 수많은 생물 중 하나의 종이며 모든 생물은 서로 연결되어 있기 때문이다. 멸종 위기에 놓인 많은 생물들에게 관심을 갖고, 멸종되지 않도록 노력해야 하는 이유도 바로 여기에 있다.

오늘날 그 중요성이 날로 더해가는 생물다양성 교육은 모든 생물이 소중하며, 각자의 역할과 존재의 이유가 있음을 알려주고자 한다. 미처 깨닫지 못하는 동안에도 주변 가까이에 이렇게나 많은 생물이 함께 살아가고, 그 생물들의 도움을 받으며 살아가고 있음을 알려주는 교육이다. 이에 더해 주변의 다양한 생물들에 대해 더 알아보고, 관심을 갖고 함께 공존하는 방법을 찾아가는 교육이다. 국립생물자원관은 2007년 10월 개관 이래 생물, 생물다양성, 생물자원, 생물다양성협약 등 생물다양성 관련 주제에 대한 연령별, 수준별 교육 프로그램을 개발·운영하고 있다. 또한 생물다양성과 관련한 새로운 개념들을 보다 쉽게 이해할 수 있도록 놀이와 학습을 접목한 '생태계 젠가', '생물자원기술왕' 보드게임, 'S.O.S. 멸종위기 생물을 구하라' 카드게임 등을 개발하여 자체 교육에 활용하고 있다. 더 나아가 특허를 이전하여 학교 및 단체에서 사용할 수 있도록 지원하고 있다.

국립생물자원관 유튜브 교육 콘텐츠

안녕, 우리 생물
(국립생물자원관 교육프로그램 워크북)

놀면서 생물다양성과 친해지기

생물다양성 교육은 국립생물자원관 외에도 국립낙동강생물자원관, 국립생태원, 국립공원 등 환경부 산하 기관과 전국 광역·기초자치단체에서 설립한 기관, 휴양림, 도시공원 등에서도 받을 수 있다. 전문 강사의 교육 프로그램이 아니더라도 주변 가까운 자연으로 자주 나가는 것이 중요하다. 한 달에 한 번 다섯 시간을 몰아서 자연에서 보내기보다는 최소 2주에 한 번 반나절 정도 자연으로 나가는 것이 마이코박테리움 백케이 같은 세균 덕을 더 볼 수 있기 때문이다. 주변에서 흔히 볼 수 있는 나무와 풀을 관찰하여 그림으로 그려 볼 수도 있고 글로 적어 볼 수도 있다.

전문적인 관찰이 아니더라도, 나무나 흙이 있는 자연에서 하는 다양한 활동은 어린이와 청소년, 성인 모두에게 인지발달 등 여러 가지 측면에서 도움을 준다. 여기서 다양한 활동이란 산책, 놀이, 운동, 휴식, 숨쉬기 그 어느 것이든 다 해당된다. 생물다양성을 만날 수 있는 주변의 자연을 틈틈이 방문하여 그곳에 살고 있는 생물들을 바라보고, 소리를 들어보고, 냄새를 맡다 보면 이름이 궁금해지고, 더 알고 싶게 될지도 모르겠다. 알게 되고 찾게 되고 관심을 갖게 되면 애착이 생겨 지키고 보호하려 하고, 이를 위한 방법을 찾아 직접 행동으로 옮기게 되기도 한다. 내가 사는 동네에서, 지역에서, 나라에서, 전 지구적으로 구체적인 방법을 찾게 되고, 생물다양성을 자신의 삶의 길로, 직업으로도 선택할 수도 있다.

기억하자. 눈에 보이든 보이지 않든 많은 생물이 가까이서 혹은 멀리서 우리를 위해 아주 큰 노력을 하고 있다는 것을….

한국일보 2020.5.2.

밤게 고정관념을 깨는

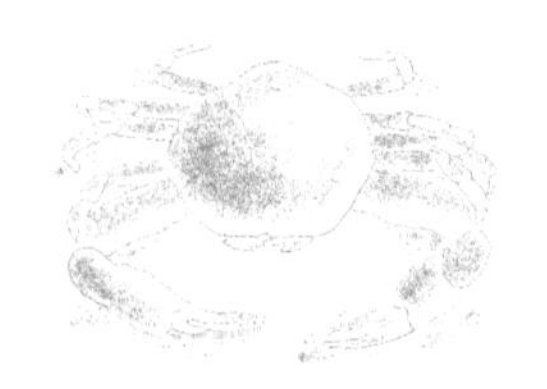

글. 은예

밤게는 서해안과 남해안 갯벌에서 칠게와 길게 다음으로 흔히 볼 수 있다. 밤게는 다른 게들과는 다르게 매우 느릿하고, 다리가 짧아 몸을 갯벌 바닥에 붙이고 움직인다. 때문에 갯벌 밖에서는 밤게의 움직임이 눈에 잘 띄지 않지만 갯벌로 들어서면 쉽게 관찰할 수 있다.

'게걸음'이란 말이 있듯이, 게의 가장 큰 특징은 빠르게 옆으로 걷는 모양새일 게다. 걸어 다니는 게든, 헤엄을 치는 게든 이는 게들의 일반적인 특징이다. 그런데 그 상식을 깨는 게가 있으니, 바로 밤게다. 밤게는 몸이 둥근 밤 모양을 하고 있어 붙여진 이름으로 학명에 완두, 콩이라는 의미의 라틴어 '피숨(Pisum)'을 사용한다. 영어 이름도 조약돌게(Pebble crab)이다. 밤게는 칠게와 길게 다음으로 인천을 비롯한 서해안과 남해안 갯벌에 매우 흔하게 서식한다.

밤게는 다른 게들과는 다르게 매우 느릿하고, 다리가 짧아 몸을 갯벌 바닥에 붙이고 움직인다. 때문에 갯벌 밖에서는 밤게의 움직임이 눈에 잘 띄지 않지만 갯벌로 들어서면 쉽게 관찰할 수 있다. 밤게를 살펴보면 모양도 갯벌에서 쉽게 눈에 띄는 게들과는 다르다는 걸 알 수 있다. 갯벌의 게들은 몸이 사각형으로 약간 길쭉한데, 앞서 말한 것처럼 밤게는 둥근 밤 모양이다. 또한 '마파람에 게 눈 감추듯'이란 속담에서 보듯이 게들은 눈을 숨기는 모습이 멀리서도 보일 정도로 눈자루가 긴데, 밤게는 머리 앞쪽에 눈이 붙어 있어 자세히 관찰해야만 확인할 수 있다.

밤게는 위험에 처했을 때 취하는 4가지 행동이 있다. 첫째, 죽은 척을 한다. 밤게는 위험에 처하면 도망치기엔 걸음이 너무 느려서 몸을 웅크린 채 죽은 척한다. 둘째, 민꽃게처럼 몸을 세우고 기다란 두 집게발을 위로 뻗어 건드리지 말라고 위협하기도 한다. 셋째, 위험에 처하면 다리와 몸을 움직여 갯벌 속으로 몸을 숨긴다. 밤게는 갯벌에 구멍을 파고 사는 여느 게들과 달리 따로 집을 짓고 살지 않는다. 걸음이 느리니 도망치기보다는 이 방법이 더 효과적일 수도 있겠다. 넷째, 경우에 따라서는 상식을 깨고 앞으로 걸으면서 도망친다. 밤게는 위험에 처하거나 먹이를 찾아다닐 때도 포복하듯이 집게발로 번갈아 가며 땅을 짚고 앞으로 걷기에 옆으로 기는 다른 게들에 비해 걸음걸이가 매우 느리다. 그러니 따라잡으려고 빠르게 뛰지 않아도 된다. 천천히 뒤쫓아 가도 밤게의 모습을 관찰할 수 있다.

일반적인 게들은 다리 사이 간격이 매우 좁아 옆으로 걷는 것이 더 효율적이겠지만, 밤게는 다리가 가느다란 원통 모양이고 다리 사이의 간격도 넓어 앞으로 걷기에 수월한 모습이다. 옆으로 걸으면 빠르게 도망칠 수 있어 더 유리할 텐데, 앞으로 느리게 걷는 걸음걸이를 택한 진화론적 이유는 아직 밝혀지지 않았다. 구멍 같은 집을 짓지 않고 살아 갯벌 속으로 편하게 들어갈 수 있도록 옆으로 걷지 않게 된 건지, 갑각이 매우 두꺼워 천적을 피할 이유가 없어서 그런 것인지는 우리가 밝혀야 할 숙제로 남아있다.

이처럼 생물은 흔히 알고 있는 모습으로만 살아가지 않는다. 먹이에 따라, 서식환경에 따라 다양한 모습으로 살아간다. 만약 이런 다양성이 자연계에 존재하지 않고 천편일률적인 방식으로 살아왔다면, 모든 생물이 멸종 위기에서 벗어나지 못했을 것이다. 갯벌에 가볼 기회가 생긴다면, 앞으로 걸어 다니는 밤게와 함께 천천히 갯벌을 거닐어보자. 각자의 방식대로 살아가는 많은 생물의 다양한 모습을 찾아볼 수 있을 것이다.

인천일보 2020.5.25.

ⓒ이충일

밤게

태양광을 현명히 쓰는 초록갈파래

글. 배은희

다른 파래류에 비해 깊은 수심에서 살고 있는 초록갈파래는 몸의 색이 다른 파래보다 더 어둡고 진한 초록색이어서 이름 앞에 초록이란 말이 덧붙여졌다. 깊은 바다에 어렵게 도달하는 빛에너지를 이산화탄소와 물을 이용해 탄수화물로 고정하고 산소를 만드는 유의미한 바다의 1차 생산자이다.

'파래'하면 상큼한 파래무침이나 김에 섞여 있는 파래를 떠올린다. 식탁이 아니더라도 바닷가에 가면 바위에 붙어 나풀거리거나 파도에 떠밀려온 투명한 연초록 갈파래도 연상된다. 서양에서는 파래가 채소인 상추와 닮아 '바다 상추(Sea lettuce)'라고도 불린다. 대부분의 파래와 갈파래들은 밀물과 썰물 사이 드러나는 곳에 살고 있어 쉽게 발견되지만, 좀처럼 만나기 어려운 파래가 있다. 바로 초록갈파래이다. 다른 파래에 비해 몸의 색이 더 어둡고 진한 초록색이어서 붙여진 이름이다. 우리나라 연안에는 동해안, 남해안, 제주도, 울릉도와 독도의 조하대(밀물과 썰물이 오가는 조간대 아래 항상 물에 잠겨 있는 지역)에 자생한다. 태풍이나 너울에 해안으로 떠밀려 오지 않는 한 잠수를 해야만 볼 수 있다.

조류(藻類, Algae)는 육상 생태계에서 식물이 해내고 있는 광합성을 담당하는 민물과 바다의 1차 생산자이다. 광합성은 태양으로부터 오는 빛에너지를 이산화탄소와 물을 이용해 탄수화물로 고정하고 산소를 만드는 과정이다. 이는 지구상의 유기화합물의 생산에 핵심적인 부분이다. 광합성을 담당하는 세포 내 구조물은 엽록체이며, 엽록체 안에는 엽록소를 가진 막이 층층이 놓여있다. 육상식물은 대부분 초록색을 띠고 있고 엽록소를 가진다. 엽록소는 프리즘을 통과한 무지개색 빛 중에서 자신과 같은 색인 초록색 빛을 반사하고 붉은색과 청색 빛을 주로 흡수한다. 여기에 조류는 다양한 보조 색소들을 더 가지고 있다. 보조 색소는 말그대로 혹시 놓칠 수 있는 빛도 흡수하기 위해 엽록소 외에 추가로 갖는 광합성 색소를 말한다.

빛은 여러 장애물을 만나면서 산란과 굴절에 의해 흩어지기 때문에 깊이 도달하기 어렵다. 그렇기 때문에 수중에 사는 광합성 식물에게는 빛을 확보하는 것이 생존에 절대적이다. 다른 모든 여건을 갖추었다 하더라도 빛이 없다면 깊은 물속에서는 사는 것이 불가능하다. 그래서 조류는 엽록소 이외에도 붉은색, 갈색, 청록색 등 다양한 보조 색소를 가지며 알록달록 다채로운 모습을 띠게 되는 것이다. 다른 파래류에 비해 깊은 수심에서 살고 있는 초록갈파래의 정착 성공 요인도 바로 광합성 색소에 있다. 초록갈파래는 '사이포나잔틴(Siphonaxanthin)'이라는 보조 색소를 가지고 있다. 이 색소는 다른 파래류가 흡수하지 못하는 초록색 빛을 흡수할 수 있다. 따라서, 다른 파래들에게 붉은색과 청색 빛을 좀 양보하고, 다른 녹색 조류의 반사 빛도 흡수함으로써 깊은 바다에 어렵게 도달한 빛을 알뜰하게 활용하는 것이다. 요즘처럼 모두가 어려울 때, 한정된 자원을 현명하게 나누어 쓰는 지혜를 자연이 가르쳐 주는 것 같다.

세계일보 2020.5.29.

초록갈파래

붉은 호수의 비밀

글. 차인태

사람들은 사물을 기억하기 위해 분류를 해왔다. 생존을 위해 먹을 수 있는 것과 먹을 수 없는 것, 해로운 것과 이로운 것. 이러한 분류는 점차 눈에 보이는 모든 생물에게 적용되었다. 그렇게 수많은 시간이 흐른 후 분자생물학이 발전하면서 생물은 겉모양뿐만 아니라 유전물질인 DNA 서열을 가지고도 분류할 수 있게 되었다. 게다가 미생물의 분류도 가능해졌다. 미생물은 늘 인간과 함께 있었으며, 그 실체는 현미경이 발달하면서 확인할 수 있었다.

호수 한가운데 홍학 한 마리가 떠 있다. 멀리서 보면 이상한 점이 없는데, 가까이서 보면 소스라치게 놀란다. 홍학은 이미 죽어서 말라비틀어져 있었기 때문이다. 주변을 보니 그런 동물 사체들이 널려 있다. 하나같이 살아있을 때와 별반 다르지 않다. 다만, 호수는 붉게 물들어 있다. 죽은 동물이 쏟아낸 피의 빛깔처럼 붉은 호수, 과연 호수의 비밀은 무엇일까?

나트론 호수
출처: http://insight.co.kr/news/130440

이 사진은 영국의 사진작가 닉 브랜트가 아프리카의 나트론 호수를 배경으로 찍은 사진이다. 아프리카에서 동물 사체는 그리 긴 시간 동안 남아 있지 못한다. 하이에나나 대머리독수리의 먹이가 되어 완전히 훼손되기 때문이다. 하지만 이 호수에서는 유독 사체가 원형 그대로 보존되고 있다. 그 이유는 호수의 어떤 성분 때문이다. 그 성분 때문에 다른 동물은 접근하지 못하고, 특별한 생명체만이 살아간다.
여기서 어떤 성분이란 탄산수소소듐($NaHCO_3$, 탄산수소나트륨)이다. 이것의 농도가 너무 높아 호수가 극도의 알칼리성을 띠면서 사체를 분해하는 미생물조차 살 수 없게 되었다. 사체가 미라처럼 말라비틀어지지만 훼손이 되지 않는 것은 이 때문이다. 호수의 고농도 탄산수소소듐은 몇 종류의 생물에게만 접근을 허용한다. 즉, 고농도 탄산수소소듐을 이겨낼 수 있는 자만이 이 넓은 호수를 차지하는 것이다. 호수를 차지한 생물은 붉은색을 띤 고세균, 할로아케아(Haloarchaea)다.

염분을 좋아하는 고균 할로아케아

생물은 크게 두 가지로 나눌 수 있다. 진핵생물(Eukaryote)과 원핵생물(Prokaryote)이다. 진핵생물의 'Eu'는 '진짜' 또는 '실체'라는 뜻이며, 원핵생물의 'karyote'는 '핵(Nucleus)'이라고 한다. 'Pro'는 '전'을 의미하므로 진핵생물은 '진짜 핵을 가진 생물'

이고, 원핵생물은 '아직 핵을 갖지 못한 생물'이라는 뜻이다. 이미 눈치를 챘겠지만, 동식물과 곰팡이는 세포 핵을 가지고 있는 진핵생물이고, 세균과 고세균은 세포 내부에 DNA가 산재하여 핵을 이루지 못하니 원핵생물이다.

세균과 고세균은 1997년도까지만 해도 하나의 원핵생물로 일컬어졌다. 현재는 DNA의 상당한 차이로 인해 유박테리아(Eubacteria)와 아케아(Archaea)로 나뉘게 되었다. 유박테리아를 세균이라고 하고 아케아를 고세균이라고 부르게 된 것이다. 우리나라에서는 고세균을 고균이라고 한다. 그 고균 중에서 고농도 염분을 좋아하는 고균을 할로아케아라고 부른다. 할로아케아의 'halo'는 '짜다'라는 그리스어 'sal'에서 유래되었다. 즉, 짠 것을 좋아하는 고균이란 뜻이다. 그런데 얼마나 짠 것을 좋아하기에 할로아케아일까?

바닷물은 마실 수 없다. 정확하게 말하면, 마실 수는 있지만 많이 마시면 바닷물의 염분 농도가 높아 더한 갈증을 느끼게 된다. 사람 체액의 염분 농도는 0.85%이지만 바닷물은 그보다 4배나 높은 3.5%이다. 눈물이 짜다고 하지만 바닷물은 이보다 훨씬 짜다고 할 수 있다. 그런데 할로아케아는 이 바닷물조차 싱겁다고 한다. 할로아케아는 염분 농

"
바닷물에도 소금을 포함한 다양한 화합물이 존재한다.
강수량이 적고 건조한 데다 물이 흘러나갈 데가 없는 호수는 극심한 증발로
염분 농도가 상상을 초월할 만큼 높아져 사해처럼 죽음의 호수가 된다.
"

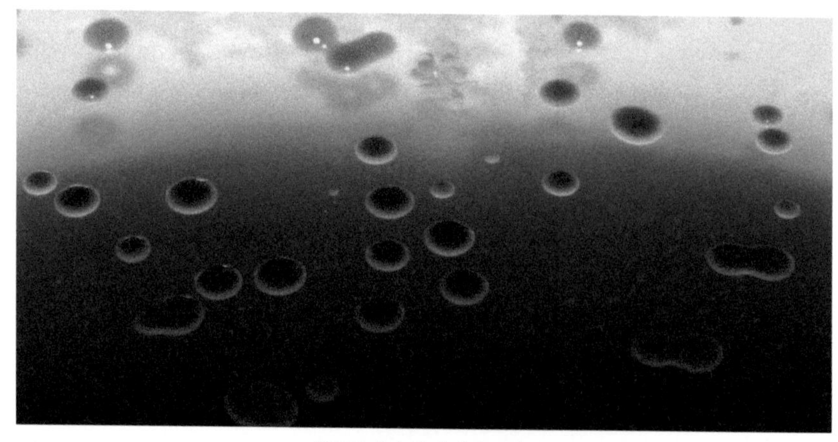

할로아케아 균이 자란 모습

출처: https://www.scottchimileskiphotography.com/Microorganism/Haloarchaea

도가 적어도 9%는 되어야 생장이 가능하고 20%가 되면 최적의 조건이라 할 수 있다. 그리고 30%에서도 살 수 있는데, 이 정도 염분이면 더는 물에 녹을 수 없어 알갱이로 석출되는 수준이다.

반대로, 잘 자란 할로아케아를 5% 소금물에 넣으면 어떤 일이 일어날까? 한두 종을 제외한 할로아케아들은 삼투압을 견디지 못하고 터져버린다. 바닷물이 짜기는 하지만 할로아케아가 살기에는 염분 농도가 너무 낮다. 할로아케아는 고염에서 생장하기 위해 세포 안팎의 알칼리 이온 농도를 맞춘다. 그래서 염분 농도가 세포 안보다 낮은 수용액에서는 수분이 세포 안으로 스며들게 되고, 그 압력을 이기지 못한 세포막은 결국 터져버리고 만다.

뜨거운 태양열과 자외선을 이겨내는 비밀

호수는 왜 그렇게 짜고 쓰며 붉은색을 띠게 되었을까? 흘러들어온 물이 나가지 못하고 갇혀 있기 때문이다. 물이 흘러나가지 못하면 넘칠 법도 하지만 지속적인 태양열로 수분은 증발되고 염분 농도가 높아지게 된다. 염분이라고 하면 소금을 연상하기 쉽다. 소금뿐만 아니라 탄산염, 질산염, 황산염, 인산염 등 각종 화합물을 지칭한다. 그중 소금이 차지하는 비중이 높아서 염분이라고 하면 대부분 소금을 생각한다. 바닷물에도 소금을 포함한 다양한 화합물이 존재한다. 강수량이 적고 건조한 데다 물이 흘러나갈 데가 없는 호수는 극심한 증발로 염분 농도가 상상을 초월할 만큼 높아져 사해처럼 죽음의 호수가 된다. 이런 호수들은 세계 곳곳에 존재한다. 앞에 언급한 아프리카의 나트론 호수와 미국의 솔트레이크(Salt lake) 등이 그러하다.

그렇다면 나트론 호수나 솔트레이크 같은 곳이 우리나라에는 없을까? 우리나라 염전에서도 할로아케아가 발견된다. 염전은 바닷물을 가두어 수분을 증발시켜 천일염을 얻는 곳이다. 나트론 호수처럼 흘러들어온 바닷물이 증발해서 수분만 빠져나가고 염분은 그대로 남는 것처럼. 어쩌면 염전이란 작은 나트론 호수라고 해야 하지 않을까? 다만, 나트론 호수나 솔트레이크는 육지 가운데 있고, 염전은 바닷가 근처라는 차이가 있을 뿐이다.

염전의 한여름 온도는 섭씨 50도를 웃돌기도 한다. 그래선지 이 할로아케아들은 45도 이상에서도 잘 살아간다. 최근 연구에 따르면 62도에서도 생장이 가능하다고 한다. 사람으로서는 한증막 같은 환경이지만 이들에게는 따뜻한 온돌방 정도라고나 해야 할까? 게다가 염전은 온도만 치솟는 것이 아니다. 하루 종일 내리쬐는 자외선을 피할 곳이 없다. 할로아케아는 이 자외선을 온몸으로 견뎌야만 한다. 자외선과 고열이라는 극한 상황을 견디기 위해 만들어내는 것이 붉은 색소, 즉 다량의 카로티노이드(Carotenoid)다.

카로티노이드는 강한 자외선에 세포가 파괴되는 것을 막기 위해 자연이 만들어낸 예술 작품이다. 우수한 항산화제로도 알려져 있다. 산소 호흡을 하는 생물들은 호흡 도중 활성산소가 생겨 세포 노화를 촉진한다. 항산화제가 있으면 활성산소를 잡아주어 세포의 노화를 막아준다. 식물에서는 대표적인 카로티노이드인 베타카로틴(b-carotene)이나 라이코펜(Lycopene)이 이 역할을 한다. 당근을 캐럿이라고 하는 이유는 베타카로틴이 많아서이고, 토마토의 붉은색은 라이코펜 때문이다.

식물의 카로티노이드는 40개의 탄소 사슬로 이루어져 있다. 할로아케아의 탄소 사슬은 50개나 된다. 이 50개짜리 탄소 사슬을 학자들은 '박테리오루베린'이라고 부른다. 지금까지 발견된 할로아케아들은 박테리오루베린을 가지고 있어 붉은색을 띤다. 그러니 뜨거운 태양열과 자외선을 한몸에 받고도 아무렇지 않게 생존할 수 있는 것이다.

놀라운 생명력을 가진 할로아케아

생물은 생명을 유지하기 위해 꽤 많은 수분이 필요하다. 한편으로 음식물이 잘 상한다는 것은 수분 함량이 미생물의 생명 활동을 하기에 적당하다는 뜻이다. 음식물을 오래 저장하는 데는 잘 말려 주거나, 소금을 뿌려 염장하거나 설탕에 재어 수분 농도를 상대적으로 낮춰주는 방법을 이용한다. 잘 말린 북어나 잼에 세균이 자라는 경우는 극히 드물다. 생명체에게는 그만큼 수분이 많이 필요하다는 증거를 인류는 경험으로 알고 있다.

그런데 예외가 있다. 이 놀라운 생명체는 건조한 사막에서도 발견된다. 앞서 말한 것처럼, 할로아케아는 극도로 짠 곳에 살다 보니 수분 함량이 적은 사막에서도 살 수 있고, 세균이 자라지 말라고 염장해둔 젓갈에도 살 수 있다. 다만, 잘 말린 북어에서는 살지

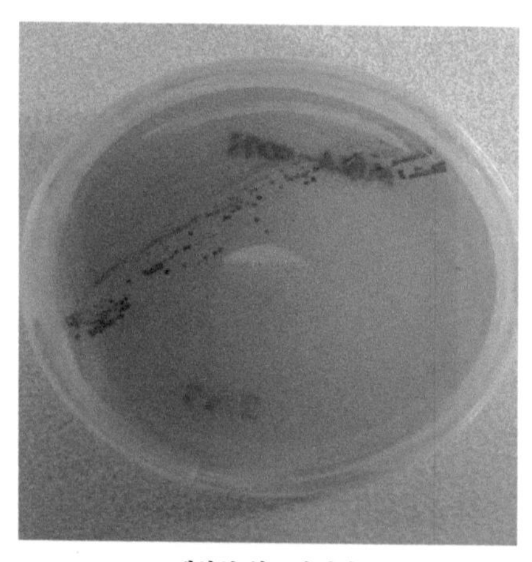

배양한 할로아케아

못한다. 그 이유는 할로아케아가 살 정도로 짜지 않기 때문이다. 북어가 나트론 호수만큼 짜다면 북어는 어느새 붉은색을 띠고 있을지도 모른다. 할로아케아는 사막에서 약간의 이슬만 있어도 살 수 있다는 이야기다. 실제로 칠레의 아타카마 사막이나 중국의 고비사막 등 세계 곳곳의 사막에서 할로아케아가 발견된다.
할로아케아의 능력은 이것이 끝이 아니다. 기존에 할로아케아가 사는 법은 산소 호흡을 하면서 유기물을 분해시켜 에너지를 얻는 것인 줄 알았다. 나중에는 질산염이나 황산염의 환원을 통한 혐기성 생활도 가능하다는 사실이 밝혀졌다. 이름도 발음하기 어려운 할로아케아 할언에오로아케움 설퍼리듀센스(*Halanaeroarcahaeum sulfurireducens*)라는 종이 2016년에 보고되었다. 그 후에도 몇몇 혐기성 할로아케아들이 지속적으로 발견되고 있다. 그래서 과학자들은 이 특이한 생물의 지구 밖 생존 가능성을 타진하고 있다. 즉, 화성이라는 혐기성, 고온, 건조한 사막, 자외선 등등 인간이라면 한시도 견딜 수 없는 환경에서 이 할로아케아들은 생존할 수 있을지도 모른다고. 아직은 이론 단계에 머물러 있지만 과학기술이 더 발전하다 보면 화성에 할로아케아를 내려놓을 수 있게 될지도 모른다.

사진 한 장으로 시작한 이야기가 지구 밖 화성까지 이어졌다. 할로아케아는 붉은 색소를 내는 한낱 미물에 불과하다. 하지만 누구도 접근하기 꺼리는 환경에서 나름의 전략을 가지고 살아가고 있다. 다른 생명체와 경쟁하기보다는 적응을 선택하여 척박한 환경에 순응했다. 사실, 경쟁을 피하고자 극한 환경에 적응한 것뿐인데, 인간에게는 도리어 새로운 환경에 적응할 가능성을 보여주었다. 인간이 자연을 개발하고 마음대로 바꾸며 소비하고 있지만, 이 작은 생물은 극한의 환경에 적응하여 수억 년을 살아왔다. 앞으로도 그 터전을 지키며 수억 년을 살아갈 것이다. 할로아케아는 아마도 인간들에게 지구상에서 오래 살아가는 법을 몸소 가르쳐주는 것은 아닐까? 자연을 소비하기보다는 순응하라고….

한국일보 2020.6.20.

곧게 자라는 고들빼기

글. 박찬호

햇볕이 잘 드는 길가나 돌 틈새에서 자주 보이고, 공터에 잡초처럼 무리 지어 자라는 고들빼기는 지방에 따라 쓴나물, 씬나물, 빗치개씀바귀, 참꼬들뻑이라고도 불렸다. 뿌리가 곧게 자란다는 '곧은배기'가 고들빼기로 되었다는 이야기도 있고, 쓴맛이 있어서 고들빼기라는 이름이 붙었다는 주장도 있다.

올해는 코로나19의 여파인지 입하에 든 줄도 모른 채 지냈는데, 벌써 하지를 지나고 있다. 하지는 연중 낮의 길이가 가장 길고 밤의 길이가 가장 짧다는 절기로, 더위가 갈수록 심해지는 시기이다. 보통 나물하면 파릇파릇한 어린 순을 무친 봄나물이 제격이지만, 더운 계절에 기운을 북돋아주는 고마운 나물들도 있다. 요즘은 나물보다는 김치로 더 인기가 많은 고들빼기가 그러하다.

고들빼기(*Crepidiastrum sonchifolium*)는 국화과에 속하는 두해살이풀이며 우리나라와 중국 등에 분포한다. 줄기잎의 밑부분이 둥글게 줄기를 감싸 안는 특징이 있어서 씀바귀, 선씀바귀, 뽀리뱅이 등과 쉽게 구별할 수 있다. 이른 봄 땅 위에서 돌려나는 뿌리잎들을 보면 어느 것이 씀바귀이고 고들빼기인지 잘 모르겠지만, 줄기가 자라고 꽃이 피는 오뉴월이 되면 잎이 줄기를 감싸는 모양으로 쉽게 구별된다. 그리고 씀바귀는 수술이 검은색을 띠지만 고들빼기는 꽃잎과 같은 노란색이어서 구별이 한결 쉬워진다.

이 식물은 본디 햇볕이 잘 드는 곳을 좋아하는데, 반그늘에서도 잘 자라서 길가나 돌틈새에서 자주 보이고, 공터에 잡초처럼 무리 지어 자라기도 한다. 예로부터 지방에 따라 쓴나물, 씬나물, 빗치개씀바귀, 참꼬들빽이 등으로 불렸다. 지금의 고들빼기는 뿌리가 곧게 자란다는 뜻에서 붙은 '곧은배기'가 고들빼기로 되었다는 이야기도 있고, 쓴맛(苦)이 든 물건(배기)이어서 고들빼기라는 이름이 붙었다는 주장도 있다. 어쩌면 쓴맛 나는 식물이라 해서 씀바귀로 불린 것처럼, 식물 본연의 특징이 이름처럼 널리 불리다가 지금의 이름으로 정착하지 않았을까 짐작해본다.

고들빼기는 예로부터 씀바귀와 함께 봄에 어린잎을 살짝 데친 다음 나물로 무쳐서 애용했는데, 뿌리가 더욱 곧고 굵어지는 여름철에 접어들면 남쪽 지방에서는 이를 통째로 절여 김치로 담가 즐겨 먹었다. 예전에는 시골 장터에서 묶음으로 사거나 들에 나가 직접 채취하여 김치를 담그던 것이 이제는 대량재배를 통해 체계적으로 김치를 생산하고 있다.

이렇듯, 전통적인 생물자원 활용법이 어느 순간에 폭발적인 인기를 얻고 각광을 받는 경우가 점차 늘고 있다. 더위가 찾아오면 언제나 그렇듯 몸이 먼저 반응한다. 언제부터인지 입맛도 떨어지고 기운도 없는 것이 이 여름을 어떻게 날까 슬며시 걱정이 들기도 한다. 마스크 착용이 생활의 필수가 되어 더욱 답답하고 덥게만 느껴지는 요즘, 고들빼기의 쌉싸름한 맛은 지쳐가는 기운을 북돋아 줄 수 있을 것 같다.

세계일보 2020.6.26.

ⓒ이흥렬

고들빼기

민어 소리를 내는 물고기

글. 김병직

농어목 민어과에 속하는 민어는 최대 1m까지 자라는 바닷고기로 뭉툭한 삼각형 주둥이에 방추형의 날렵한 체형, 끝이 검고 뾰족한 꼬리지느러미가 특징이다. 민어는 부레를 이용해 독특한 소리를 내는데 지금도 어부들은 이 소리를 듣고 고기를 잡는 전통어업을 이어가고 있다.

물고기도 다양한 방법으로 소리를 내 의사소통을 한다. 부레나 복막에 있는 근육을 이용하거나, 이빨 또는 골격의 단단한 부분을 서로 부딪쳐 소리를 내기도 한다. 여름철 으뜸 생선으로 알려진 민어도 우리나라에서 몇 안 되는 소리 내는 물고기 중 하나이다. 그 옛날 백성들이 즐겨 찾는다고 해서 백성의 물고기라 이름 붙여진 물고기 민어(民魚)를 소개한다.

농어목 민어과에 속하는 민어는 최대 1m까지 자라는 바닷물고기이다. 뭉툭한 삼각형 주둥이에 방추형의 날렵한 체형, 끝이 뾰족하게 빠진 검은 꼬리지느러미가 독특하다. 온몸엔 은빛 비늘이 촘촘히 덮여있다. 연한 황갈색 체색이 은은하며, 다 자란 민어는 흑갈색이 다소 진해진다. 지역에 따라서 개우치, 보글치, 어스래기 등 여러 이름으로 불린다. 우리나라에서는 서해와 남해의 진흙이나 모래와 진흙이 섞인 저층에서 무리를 지어 산다.

전남 신안군 임자도에서는 "여름철이면 민어 울음소리에 밤잠을 설친다"라는 말이 전해온다. 민어가 떼로 모여 '꾸룩 꾸르륵' 소리를 내기 때문이다. 선조들은 속이 뚫린 긴 대나무를 바닷속에 찔러 넣어 민어 울음소리를 듣고서야 그물을 내렸다. 민어는 부레의 근육을 수축, 이완시켜 소리를 만들고 머리뼈 속에 있는 작은 칼슘 덩어리인 이석(耳石)으로 듣는다.

부레는 몸을 뜨고 가라앉게 하는 부력 조절 기관이다. 물고기 몸은 해수보다 밀도가 높아 가만히 있으면 가라앉는다. 신축성이 좋은 풍선 같은 부레 덕에 가라앉지 않고 헤엄칠 수 있는 것이다. 그렇다고 모든 물고기가 부레를 갖고 있지는 않다. 상어나 가오리 등 연골어류는 부레가 없어 가라앉지 않으려면 계속 헤엄쳐야 한다. 일부 망둑어류나 가자미류도 성장하면서 부레가 퇴화한다. 바닥 생활에 적응하면서 쓸모가 없어진 것이다. 생물의 환경 적응력은 참으로 오묘하다.

'민어가 천 냥이면 부레가 구백 냥'이란다. 미식가들은 부드럽고도 쫄깃한 식감이 일품이라며 민어 부레에 엄지를 치켜세운다. 바다 환경이 변해가자 민어 삶도 팍팍해져 그 수가 점차 줄고 있다. 여름 바다에 울려 퍼지는 민어 울음소리에 임자도 주민들 밤잠 설칠 날이 다시 오길 기대한다.

세계일보 2020.7.10.

민어

메콩강의 기적을 염원하는 한강

글. 조성현

2019년 11월, 부산에서 한국과 메콩강 유역 5개국 라오스, 미얀마, 베트남, 태국, 캄보디아 정상들이 모인 제1차 한·메콩 정상회의가 개최되었다. '한강·메콩강 선언'이 채택되는 등 메콩강 주변 국가들이 우리에게 점점 더 중요해지고 있다는 것을 보여준 회의이며 그 이유중 하나는 메콩강에 서식하는 많은 생물의 가치가 그만큼 높다는 점 때문이다.

생물다양성협약(CBD)이 발효된 이후 생물자원은 그 생물자원을 가지고 있는 국가의 소유로 인정되기 시작했고, 생물자원을 선점하기 위한 국가 간 자원전쟁도 치열해지고 있다. 특히 메콩강이 흐르는 나라 중 하나인 캄보디아의 생물자원 확보를 위한 생물다양성 연구는 우리나라뿐만 아니라 일본, 프랑스, 덴마크 등 여러 국가에 의해 활발히 진행되고 있다. 가장 연구력을 집중하고 있는 곳이 바로 인도차이나반도의 카다몸 산맥이다. 왜 우리나라를 비롯한 많은 나라들이 이곳 생물들을 연구하는 걸까?

파필로난테 페던큘라타(*Papilionanthe pedunculata*), 카다몸산맥 해발 1000m 이상의 고산 초원에서 자라는 대형 난초과 식물로 건기가 한창인 3, 4월 5~7㎝ 크기의 분홍색 꽃을 피운다

"
말레이시안 열대우림은 육지 속 섬처럼 산맥과 바다에 고립되어 과거
말레이시아, 인도네시아에 함께 분포했던 공통 조상종으로부터 새로운 종늘이
분화하여 생물다양성을 더 풍부하게 보여준다.
"

카다몸 생물보호구역의 말레이시안 열대우림

메콩강 유역의 중앙 인도차이나 건조수림

빙하기의 흔적,
카다몸 산맥의 말레이시안 열대우림

이곳이 인도차이나반도의 유일한 미탐사 지역이며, 가장 넓은 상록열대수림이 남아 있는 곳이기 때문이다. 캄보디아는 주로 산악지대에 숲이 남아 있는 베트남, 태국과 달리 국토의 59% 정도에 저지대 숲이 남아 있다. 캄보디아의 대표적인 삼림은 국토 서남부에 약 300km 길이로 뻗어있는 카다몸 산맥에 분포한다. 이 산맥은 최고봉인 삼코스 산(1,771m)을 중심으로 서쪽 산줄기는 태국의 동남쪽 국경지대로 뻗어나가고, 동남쪽 산줄기는 키리롬 고원을 지나 엘리펀트 산맥으로 이어진다. 캄보디아 전체 면적의 약 20%를 차지하는 카다몸 산맥은 캄보디아 생물다양성을 대표하는 지역 중 한 곳으로, 4개 국립공원과 3개 야생생물보호구역으로 지정되어 있다.

카다몸 산맥은 매우 다른 식물종들로 구성된 두 수림의 경계로서 인도차이나반도에서 식물지리학적으로 가장 독특한 지역 중 한 곳으로 평가된다. 카다몸 산맥을 경계로 북쪽과 동쪽에는 인도차이나를 대표하는 중부 인도차이나 건조수림이라는 독특한 숲이 분포한다. 캄보디아, 라오스, 태국의 메콩강 유역과 태국 중북부에 광범위하게 걸쳐 있다. 이 수림은 낙엽성 디프테로카르푸스속(*Dipterocarpus*) 나무들과 쇼레아속(*Shorea*) 나무들이 많아 비가 적게 내리는 건기에는 잎을 떨군다. 카다몸 산맥의 남쪽과 서남쪽에는 중앙 인도차이나 건조수림과는 전혀 다른 숲이 나타난다. 말레이시아와 인도네시아 등지에서 볼 수 있는 말레이시안 열대우림이다. 캄보디아가 말레이시아, 인도네시아와 육지로 연결되어 있던 빙하기 때 이 지역에 널리 분포했던 수림의 흔적으로 알려져 있다.

카다몸 산맥은 인도차이나 반도의 대표적인 숲인 중부 인도차이나 건조수림과 말레이시안 열대우림의 경계이기 때문에 캄보디아에서 가장 다양한 식물들을 볼 수 있다. 더욱이 이 지역의 말레이시안 열대우림은 육지 속 섬처럼 산맥과 바다에 고립되어 과거 말레이시아, 인도네시아에 함께 분포했던 공통 조상종으로부터 새로운 종들이 분화하여 생물다양성을 더 풍부하게 보여준다.

극한의 환경 변화에 적응한 난쟁이숲과 다양한 난초

카다몸 산맥 중 생물다양성 연구가 활발한 지역은 엘리펀트 산맥으로, 1993년 산맥 전체가 캄보디아에서 유명한 보코르 국립공원으로 지정되었다. 보코르 국립공원의 가장 독특한 모습은 남쪽 고원에서 찾아볼 수 있는, 전 세계적으로 매우 드물게 나타나는 난쟁이숲이다. 대부분의 나무들이 5~10m를 넘지 않으며 극단적으로 작은 1~2m 높이의 나무들이 많이 자란다. 이는 척박한 토질과 극심한 계절적 환경 변화 때문이다. 이 지역은

보코르 국립공원 고원지대의 난초들. 불보파일럼 로비(*Bulbophyllum lobbi*)(좌),
바위 겉에 붙어 자라는 에리아 라시오페탈라(*Eria lasiopetala*)(우)

그늘진 난쟁이숲 아래에 사는 파피오페딜룸 아플레토니아눔(*Paphiopedilum appletonianum*)(좌),
축축한 습지에서 자라는 디포디움 팔루도섬(*Dipodium paludosum*)(우)

사암으로 이루어져 영양분이 부족한 데다 강한 바람에 노출되어 있다. 뿐만 아니라, 우기가 한창인 7~8월에는 5000mm가 넘는 강우량으로 고원 전체가 습지가 되어 고원의 식물들이 뿌리호흡에 장애가 생기며, 건기가 한창인 1~2월에는 평균 강우량이 50mm에 그쳐 극심한 가뭄에 시달린다. 그럼에도 이 난쟁이숲은 130여 종의 다양한 나무들이 빽빽이 들어찬 매우 잘 보존된 원시림이다.

보코르 국립공원의 남쪽 고원은 태국만의 좁은 해안 평원에서 해발 1,080m까지 매우 고도가 가파르게 상승한다. 남쪽 고원과 서남쪽 경사면은 바다와 매우 가까워 안개와 구름이 끊임없이 습기를 공급하는 까닭에 비정상적으로 습한 조건을 만들어낸다. 이러한 환경적 요인으로 보코르 국립공원의 해발 500m 이상 경사면에서부터는 전형적인 말레이시안 열대우림이 나타나며 수십 종의 덩굴성 나무들과 착생식물, 특히 난초과 식물이 매우 다양하다. 보코르 국립공원에는 120여 종의 난초가 자라고 있어, 햇볕이 내리쬐는 땅에서부터 그늘진 땅까지 주변을 둘러보면 40여 종의 아름다운 난초들을 쉽게 찾아볼 수 있다.

캄보디아 고유식물의 보고, 보코르 국립공원

생태계의 고유성은 그 지역이 다른 지역에 비해 특징적인 식물들을 얼마나 키워내고 있는가에 달려있다. 보코르 국립공원은 캄보디아의 그 어떤 지역에 비할 바가 없다. 식물의 종류가 다양할 뿐만 아니라 다른 지역에서는 찾아볼 수 없는 고유식물들이 많다. 보코르 국립공원에서만 자라는 고유식물은 77종으로 파악되는데, 이는 캄보디아 고유식물 종의 절반에 가까우며 그 중 22종이 보코르 국립공원의 남쪽 고원에서만 발견된다. 이름에 '보코르(Bokor)'라는 단어가 붙은 식물만도 물봉선과의 보코르물봉선(*Impatiens bokorensis*), 벌레잡이통풀과의 보코르벌레잡이통풀(*Nepenthes bokorensis*), 여우주머니과의 보코르여우주머니(*Phyllanthus bokorensis*), 야목단과의 소네리라 보코렌세(*Sonerila bokorense*) 등 19종에 달한다.

보코르 국립공원의 고유식물 중에는 식물구계학적으로 중요한 종인 아르고스테마 패시쿨라타(*Argostemma fasciculata*)가 있다. 식물구계는 식물 종류의 특징에 의해 나뉜 지역을 말하는데, 캄보디아는 베트남, 라오스, 태국과 함께 인도차이나 식물구계에 포함되어 있다. 아르고스테마 패시쿨라타가 속해있는 아르고스테마속 종들은 매우 잘 보존된 상록수림에서 주로 나타나는 것으로 알려져 있으며, 별 모양의 꽃을 지니는 종들과 종 모양의 꽃을 지니는 종으로 크게 나뉜다. 별 모양 꽃을 피우는 종들은 대부분 인도차이나 식물구계와 구분되는 말레시아나 식물구계(말레이시아, 인도네시아, 필리핀)에서 발견된다. 아르고스테마 패시쿨라타는 별 모양 꽃을 피우는 종으로, 보코르 국립공원과 카다몸 산맥에서 쉽게 만날 수 있다.

보코르물봉선(*Impatiens bokorensis*)(좌), 보코르벌레잡이통풀(*Nepenthes bokorensis*)(우)

필란투스 보코렌시스(*Phyllanthus bokorensis*)(좌), 소네리라 보코렌세(*Sonerila bokorense*)(우)

아르고스테마 패시쿨라타(*Argostemma fasciculata*), 보코르 국립공원의 고유식물
말레시아나 식물구계(말레이시아, 인도네시아, 필리핀)를 대표하는 식물 중 하나이다

"
리조트는 캄보디아 사람들의 휴식처가 되고 있다는 점에서 긍정적이지만,
접근성이 높아지면서 동식물 수집가들을 불러들여
동물 채집과 희귀식물 채취로 원시림이 몸살을 앓고 있다.
"

보코르 국립공원의 지속가능한 개발

보코르 국립공원의 남쪽 고원은 경이로운 풍광으로 프랑스 식민지 시기부터 1972년 크메루 루주 정권이 들어서기 전까지 유명한 휴양지였다. 고원 절벽 끝에 들어선 보코르 호텔 팰리스(1925년)는 1970년대 초까지 캄보디아인들의 휴양지로서 황금시기를 영유하다 1975년 크메르 루주 정권에 의해 파괴되고 방치되었다. 이후 캄보디아가 점차 정치적으로 안정되면서 2008년 국제관광단지로 재개발되기 시작했고, 새로운 진입도로와 400여 개 객실을 갖춘 탄수르 보코르 하일랜드 리조트와 카지노가 건설되었다. 현재 개발 중인 리조트는 캄보디아 사람들의 휴식처가 되고 있다는 점에서 긍정적이지만, 접근성이 높아지면서 동식물 수집가들을 불러들여 동물 채집과 희귀식물 채취로 원시림이 몸살을 앓고 있다.
그런 한편으로, 최근 10년간 한국, 일본, 영국 연구자들의 활발한 생물다양성 연구를 가능하게 하여 2015년 이후 30종의 신종과 224종의 캄보디아 미기록 식물이 학계에 보고되었다. 환경부 국립생물자원관은 2007년부터 해외 생물자원을 확보하기 위해 캄보디아와 협력 연구를 진행 중이다. 함께 조사한 캄보디아의 신종 및 유용 생물은 양국가의 생물산업 소재로서 다양하게 활용될 것이다. 비록 고원지대의 원시림 일부가 리조트 시설 확장으로 파괴되고 있지만, 이곳에 대한 생물다양성 연구는 그만큼 더욱 활발해질 것이다. 우리나라와의 생물다양성 공동조사를 통해 캄보디아의 생물다양성 보전과 지속가능한 이용에 도움이 되기를 바란다. 그리고 이런 연구 결과들은 캄보디아 사람들에게 환경 보전과 개발에 대해 고민해 보는 기회를 제공할 것이다.

한국일보 2020.7.18.

불등풀가사리

글. 배은희

조간대 상부의 갯바위 등에 부착하여 자라는 불등풀가사리는 봄부터 초여름까지 우리나라의 바닷가에서 볼 수 있는 홍조류의 식물이다. 예로부터 끈적한 점액의 성분을 이용해 직물의 풀먹임 풀로 사용하거나 비빔과 초무침 등으로 식용되었다.

인천 옹진군의 서해5도는 천혜의 자연환경을 간직하고 있다. 대표적으로 소청도의 분바위는 지구연대 약 5억 7,000만 년 전인 선캄브리아기에 살던 남조류(원핵 조류)의 화석이다. 이곳에서 다양한 해조류들이 바위에 부착하며 살아왔고 지금도 그러하다. 그래서 옹진군에서는 이 지역의 토착 해조류를 잘 보존하고 주민들에게도 보탬이 되는 '가사리'의 증식 가능성을 찾고 있다고 한다. '가사리'라는 명칭은 해조류 중 붉은색을 띠는 홍조류 이름에 종종 등장하는데, 대개 무슨 무슨 가사리로 불린다. 예를 들면, '우뭇가사리', '돌가사리', '풀가사리'처럼 '가사리'라는 이름에 그 속의 특징을 표현하는 접두어를 붙여 쓰는 경우이다. 가까운 종들의 묶음인 속(屬) 정도의 무리를 가리킨다고 볼 수 있다.
우뭇가사리속은 끓이면 부드러운 한천이 되지만, 남은 줄거리는 종이를 만들어도 될 정도로 질기다. 돌가사리는 끝이 뾰족하고 질감이 단단해서 굳이 식용하지는 않는다. 반면, 풀가사리는 통째로 끓이거나 튀겨서 그대로 음식으로 먹을 수 있는, 버릴 것이 없는 해조류이다. 이름에서 알 수 있듯이 풀가사리는 풀처럼 끈적한 점액질을 가지고 있다. 해안지역의 구전 전통지식에서도 풀가사리가 호료(糊料), 즉 풀로 사용되었다고 전해진다.

풀가사리속에는 불등풀가사리, 참풀가사리, 애기풀가사리 등이 우리나라에 보고되어 있다. 그 가운데 불등풀가사리(*Gloiopeltis furcata*)는 원통형 가지가 마디에서는 잘록하고 점점 부푼 형태를 띠어 다른 종들과 금방 구분된다. 질감은 좀 질기지만 내부에 공기가 차 있어 누르면 풍선같이 탄력이 느껴진다. 불등풀가사리는 갯바위의 가장 위쪽에 삐죽삐죽 돋아나 있을 뿐 아니라, 여러 개체가 함께 모여 나기 때문에 눈에 잘 띈다.

불등풀가사리는 홍조류이기 때문에 붉은색, 분홍색, 자주색 등으로 보여야 하지만, 종종 갈색처럼 보이기도 한다. 그 이유는 과도한 빛을 막아주는 갈색 색소 때문이다. 얕은 곳에 사는 해조류가 과도한 햇빛을 받게 되면 광합성 조직이 손상을 입을 수 있다. 이때 그늘막처럼 광합성 조직을 보호하기 위해 갈색의 카로티노이드 색소를 만드는 것이다.

우리나라 최초의 생물도감이라 할 수 있는 정약전의 「자산어보」에는 불등풀가사리로 추정되는 '종가채(鬷加菜)'에 대해 마치 그 모양이 금은화의 꽃망울과 유사하다고 표현되어 있다('현산어보를 찾아서' 中 이태원 지음, 청어람미디어). 약재로 쓰이는 말린 금은화는 인동덩굴의 꽃으로 처음에는 흰색이다가 점점 노랗게 변하는데, 그 모양이 불등풀가사리와 많이 닮았다. 서해안에서는 연안 해조류가 그리 다양하지 않지만, 섬에서 자라는 해조류들은 연안보다 다채롭다. 또 서해5도 지역은 겨울에 수온이 낮아 북방계 해조류도 자랄 수 있는 환경이다. 이처럼 다양한 부착 해조류의 터전으로서, 철새나 바다 동물의 서식처로서 귀중한 인천의 섬들이 앞으로도 청정하게 유지되길 바란다.

인천일보 2020.7.20.

불등풀가사리

파리버섯

천연 파리약의 재료

글. 김창무

파리버섯을 작게 조각내어 밥과 잘 비벼 놓으면 파리가 와서 먹고 마취 효과를 보이다가 결국은 죽게 된다. 우리 선조들이 이 버섯의 독성을 이용해 해충인 파리를 잡았던 데서 기인하여 파리버섯은 형태적 특징과 전혀 무관한 이름이 붙여졌다.

늦은 봄부터 산에는 버섯이 나타나기 시작하는데, 여름철 장마를 지나면 절정에 이른다. 버섯에 대한 사람들의 관심은 '먹을 수 있는가' 혹은 '몸에 좋은가'에 쏠려 있지만, 먹지 못하는 독버섯이라도 사람들에게 좋은 영향을 주기도 한다. 독버섯으로 유명한 광대버섯속(*Amanita*)에는 파리버섯(*Amanita melleiceps*)이라는 독특한 이름의 버섯이 있다. 보통 버섯의 이름은 형태적인 특징을 감안해 짓는데, 파리버섯도 파리와 유사한 형태라서 그런 이름이 붙여진 걸까? 아니다, 파리버섯은 파리와 전혀 닮은 데가 없다. 우리 선조들이 이 버섯을 이용해 해충인 파리를 잡았던 데서 기인하여 이름이 붙여졌다.

파리버섯

파리버섯을 이용한 천연 파리약의 제조 방법은 간단하다. 파리버섯을 작게 조각내어 밥과 잘 비벼 놓으면 파리가 와서 먹고 마취 효과를 보이다가 결국은 죽게 된다. 파리버섯에는 이보텐산(Ibotenic acid)이라는 독성물질이 있어 중추신경계에 작용해 마취 효과를 나타낸다. 파리를 잡기 위해서 이용되는 다른 버섯으로는 독송이(*Tricholoma muscarium*)와 광대버섯(*Amanita muscaria*) 등이 있다. 북한에서는 독송이를 '파리잡이무리버섯'이라고 하며, 광대버섯은 서양에서 중세시대부터 파리를 잡는 데 이용되었다고 알려져 있다.

파리버섯은 우리나라 전역에서 여름부터 가을까지 소나무 혹은 참나무 숲에서 서식하지만 그리 흔하게 볼 수 있는 버섯은 아니다. 갓의 크기는 3~5cm로 작으며 색깔은 전반적으로 하얀색이나 갓의 중앙 부분은 노란색 혹은 황갈색을 띤다. 갓의 표면에는 빵부스러기와 같은 것이 널려 있는데, 시간이 지날수록 사라져 잘 보이지 않게 된다. 지금은 마트만 가면 다양한 해충약을 사서 사용할 수 있지만, 편리함보다는 화학물질의 과다한 사용이라는 측면에서 좋지 않은 것도 사실이다. 환경과 건강을 생각한다면 가정에서 독한 화학물질 대신 파리버섯을 활용해도 좋겠지만, 자연의 모든 생물은 우리가 간섭하기 시작함과 동시에 생존과 번식에 문제가 생기게 된다. 따라서 파리버섯은 독버섯이지만 인간에게 유익함을 주는 부분도 있다는 상식만 알고 지나가면 좋을 듯하다.

세계일보 2020.4.3.

독나방

나방의 가루는 위험할까?

글. 안능호

손에 묻어나는 가루로 뒤덮여 있는 나방은 생김새로 사람들에게 혐오감을 주지만 분류학적으론 나비와 같은 목(目)에 속한다. 나비와 나방의 몸을 뒤덮은 가루(인편)는 사람에게 해를 끼치지 않는 경우가 대부분이나 일부 나방의 인편에는 독이 있어 나방 전체가 위험한 곤충이라는 누명을 쓰고 있다.

사람들이 나비와 나방을 좋아하지 않는 이유에는 이들의 몸 전체를 덮고 있는 가루가 싫어서인 경우가 많다. 비호감의 원인인 날개 가루, 즉 인편(Scale)은 나비목 곤충의 날개와 몸을 뒤덮고 있으며 손으로 만지면 가루처럼 묻어난다. 인편은 무늬나 보호색을 형성해 천적으로부터 자신을 지켜주며 빗방울 등에 의해 젖는 것을 막아주기도 한다. 사람들은 인편이 몸에 닿으면 왠지 좋지 않을 것으로 생각하지만, 대부분의 나비목 곤충은 손으로 만져도 별 다른 해를 주지 않는다. 많은 종의 나방류에서 애벌레와 어른벌레는 몸 전체가 털이나 가루로 뒤덮여 있어서 위험한 곤충이라는 누명을 쓰고 있다.

그러나 진짜 독이 있는 나방류도 있다. 독나방아과나 쐐기나방과 등에 속하는 일부 나방류에는 애벌레의 털이나 가시, 어른벌레의 인편에 독을 가지고 있다. 그중에서 독나방아과에 속하는 독나방(*Artaxa subflava*)은 독이 있는 털(독모)을 지니고 있다. 이 독모가 피부에 닿으면 가려움증을 동반한 통증을 느끼며 심하면 염증을 일으키기도 한다. 독나방의 독은 애벌레 몸에 있는 독모에서 유래된다. 독나방 애벌레의 등쪽에는 여러 개의 검은 돌기가 각 마디마다 배열되어 있는데, 바로 여기에 미세한 독모가 촘촘하게 박혀 있다. 독모는 길이가 0.1mm 정도로 매우 짧아 맨눈으로는 잘 보이지 않는다. 독모는 애벌레 시기에 생기지만 번데기나 어른벌레에게도 붙어 있으므로 주의해야 한다. 만약 독나방과 접촉하여 가려움을 느끼게 되면 되도록 건드리지 말고 테이프 등으로 독모를 떼어 내거나, 흐르는 물에 씻고 곧바로 피부과의 진료를 받는 것이 좋다.

최근 매미나방 등 독나방류가 대발생하여 뉴스에 오르내리고 있다. 한꺼번에 너무 많은 수가 나타나 혐오의 대상이 되고 있지만 다행히 이들은 독나방처럼 강한 독을 지니고 있지는 않으므로 지나치게 걱정할 필요는 없다. 대발생의 주된 이유는 기후변화로 인해 따뜻해진 겨울 때문이라고 한다. 이들을 무서워하기 보다는 대발생의 원인을 누가 제공한 것인지 곰곰이 생각해 볼 일이다.

세계일보 2020.7.24.

독나방 어른벌레와 애벌레

모감주나무
노란 꽃물결을 만드는

글. 박찬호

대부분 자생지가 해안가 부근이며, 주로 바닷가 바위틈처럼 척박하고 건조한 곳에서 자란다. 우리나라는 백령도, 덕적도, 안면도 등 서해안뿐만이 아니라 거제도, 영일만 부근 해안까지도 살고 있는 것이 확인되었다. 예전에는 작고 단단한 구슬 같은 씨앗으로 염주를 만들고, 어린이들의 구슬치기 소재로 사용되었다.

한 차례 장맛비가 쏟아지고 나면 도로와 공원에 지천으로 널려 있는 노란색 꽃들을 볼 수 있다. 비가 개면 푸른 하늘 아래 내리쬐는 강렬한 태양빛에 반항하듯 거침없이 하늘을 향한 노란색 꽃차례들이 더욱 화려하게 빛난다. 어떤 가지에서는 벌써 꽈리 같은 열매들이 달리기 시작했다. 이들은 바로 인천 해안가, 공원 등지에서 볼 수 있는 모감주나무이다. 무더운 여름이 되면 식물들도 꽃피우는 것을 자제한다. 이때 대부분 자귀나무, 배롱나무 등이 분홍빛 꽃을 자랑하지만 멀리서도 황금색으로 빛나는 모감주나무가 심심찮게 눈에 띈다.

모감주나무(*Koelreuteria paniculata*)는 무환자나무과의 식물로 우리나라와 중국, 일본에 분포한다. 대부분 자생지가 해안가 부근이며, 주로 바닷가 바위틈처럼 척박하고 건조한 곳에서 자란다. 우리나라는 백령도, 덕적도, 안면도 등 서해안뿐만이 아니라 거제도, 영일만 부근 해안에도 살고 있는 것이 확인되었다. 열매가 익을 때면 바닷가에서는 모감주나무 열매가 물에 등둥 떠다니는 모습을 볼 수 있다. 웬만큼 파도가 쳐도 씨앗이 잘 떨어지지 않는다. 그래서인지 예전부터 모감주나무는 해류를 타고 종자를 퍼트리는 식물로 인식되어 왔다. 꽃피는 기간이 길고 노란색 꽃들이 촘촘하게 달려 있어 모감주나무는 한여름 곤충들에게는 더할 나위 없이 좋은 밀원식물이 되어 준다. 노란색 꽃잎은 네 개가 모여 있다가 뒤로 젖혀지며 안쪽은 붉은색으로 변하는데 이들 색깔의 조합이 화려하다. 덕분에 요즘은 주변 공원의 조경수와 가로수로도 많이 심는다. 서양에서는 황금비 내리는 나무(Golden rain tree)라 하여 인기가 많다. 노란색 꽃이 한창일 때 나무 밑을 지나가면 황금빛 비가 내리는 것같이 꽃들이 흔들리기 때문이다. 가을에는 노랗게 단풍이 드는 모습과 풍선 같은 열매를 함께 감상하는 것도 좋다.

꽃이 진 가지에는 풍선처럼 부풀어 오른 꽈리 모양의 열매가 달린다. 세모꼴의 작은 초록색 열매들은 가을이 되면서 풍선처럼 커지고 황갈색으로 변한다. 다 익으면 얇은 종이 같은 껍질이 갈라지는데 그 안에는 2~3개의 작고 단단한 구슬 같은 씨앗이 들어있다. 오래전부터 반들반들 윤기가 흐르는 콩알 크기의 씨앗으로 염주를 만들었다고도 하고, 어린이들의 구슬치기 소재로도 인기가 있었다고 한다.

2018년 남북정상회담 이후 평양 백화원 영빈관 앞 정원에는 기념식수로 우리나라에서 가져간 모감주나무가 심어졌다. 모감주나무는 꽃이 황금색인 데다 나무 말이 번영을 뜻하기에 기념식수로 선택되었다고 한다. 힘들고 척박한 환경에서도 천천히 꿋꿋하게 자라면서도 화려한 꽃을 가득 피우는 모감주나무처럼 그렇게 남북관계도 다시금 호전되기를 바라는 마음이 간절하다.

인천일보 2020.8.4.

모감주나무

뿔쇠오리 바다라는 베일에 가려진

글. 김동원

머리에 돋아난 깃털이 뿔처럼 보여 이름에 붙여진 뿔쇠오리는 해양성 조류로 번식기를 제외하고 연안에 모습을 드러내는 경우가 없어 이 새의 생태는 베일에 가려져 있다. 우리나라에선 구굴도와 독도 등 나곳에서 번식이 확인되었다.

'뿔쇠오리'란 이름을 들어본 적이 있나요?

환경부 지정 멸종위기 야생생물 II급, 문화재청 지정 천연기념물 제450호, 세계자연보전연맹(IUCN) 적색목록 취약(VU) 등 전 세계적으로 보호가 필요한 생물 중 하나이지만, 정작 그 이름을 아는 사람은 많지 않다. 번식기를 제외하고는 평생을 바다 위에서

©강희만

뿔쇠오리 새끼와 어미

제주에서 번식한 뿔쇠오리

야간에 번식지로 돌아오는 뿔쇠오리

살아가며, 심지어 알에서 깨어난 새끼도 태어난 지 며칠 만에 해안절벽을 뛰어내려 어미와 함께 바다로 나가기 때문에 그 생태가 가장 잘 알려지지 않은 조류 중 하나이다. 지금까지 뿔쇠오리의 번식이 확인된 곳은 우리나라와 일본 두 국가밖에 없다. 우리나라에서는 1980년대 초반 전남 신안군 구굴도에서 처음으로 번식이 확인된 이후 2005년 독도, 2011년 제주도, 2012년 백도에서만 번식이 확인되었다.

"

우리나라와 일본에서만 번식하는 뿔쇠오리,
언젠가는 이들을 보호하는 일로
한국과 일본의 관계를 개선하는 매개체가 될 날이 오지 않을까.
국경 없는 새들의 매력이 이런 것이 아닐까 싶다.

"

필자는 뿔쇠오리와 인연이 깊다. 2011년 4월 제주도에서 뿔쇠오리 어린 새를 처음으로 관찰한 사람이 필자였다. 이에 뿔쇠오리의 국내 서식 현황을 보고하고자 외국 학회지에 논문을 투고한 적이 있다. 논문 검수 결과에서 원고에 기재한 뿔쇠오리 번식지 중 독도를 일본명 다케시마와 병행 표기하라는 의견이 왔다. 뿔쇠오리에 관한 연구는 일본에서 주로 이루어졌기에, 아마도 원고 검토자 중에 일본인이 있었을 것으로 생각된다. 당시에도 국가연구기관에 재직 중이었고 한국인이자 국가기관 소속자로서 독도의 다케시마 공동표기를 허용하는 것은 바람직하지 않다고 생각해, 해당 학회의 논문 투고를 철회한 바 있다. 시간이 지나 '독도'라는 우리 이름만 표기하여 논문은 출간할 수 있었지만, 한·일 간 주요 쟁점이 순수 학문 분야에까지 영향을 미치는 흔치 않은 경험을 했다.

국가 간 이해관계를 떠나 뿔쇠오리를 보호하기 위해서는 한국과 일본을 비롯한 서식 국가 모두가 보호에 동참해야 한다. 번식지인 섬에 천적과 더불어 외래생물이 유입되고 어업 활동에 따른 혼획 등으로 뿔쇠오리는 몸살을 앓고 있다. 우리나라와 일본에서만 번식하는 뿔쇠오리, 언젠가는 이들을 보호하는 일로 우리나라와 일본의 관계를 개선하는 매개체가 될 날이 오지 않을까. 국경 없는 새들의 매력이 이런 것이 아닐까 싶다.

세계일보 2020.8.7.

조피볼락
새끼를 낳는 물고기

글. 김병직

우리나라 전 연안 해역의 바닥층 암초 주변에서 살아가는 조피볼락은 다른 물고기와 달리 알이 아닌 새끼를 낳는다. 흔히 '우럭' 또는 '볼락'이라 통칭하는 50종의 어류가 있는데 눈 아래 3~4개의 가시와 뺨에 2줄의 짧은 흑색 띠로 조피볼락을 식별할 수 있다.

"고기를 잡으러 바다로 갈까나, 고기를 잡으러 강으로 갈까나" 1927년 윤극영이 작사·작곡한 '고기잡이' 노랫말이다. 어린 시절 누구나 한두 번은 불러본 적이 있을 것이다. 한 손엔 양동이를, 다른 한 손엔 낚싯대를 어깨에 걸치고 기대감에 한껏 들뜬 모습이 그려진다. 서해에서 낚시로 잡아 올릴 수 있는 물고기가 제법 많이 있다. 강 하구나

©박수현

조피볼락

"

서해에 나며, 몸은 둥글고 비늘은 잘다. 큰 놈은 한 자가 넘는다.
등이 높고 검다. 배는 불룩하고 흑백 반점이 있다. 등에 짧은 지느러미가,
꼬리 가까이에 긴 지느러미가 있다. 살은 단단하고 가시가 없으며,
국을 끓이면 맛이 훌륭하다.

"

갯골에서는 망둑어(풀망둑)를, 방파제나 갯바위 주변에서는 놀래미(노래미)를, 배를 타고 좀 더 멀리 나가면 광어(넙치)나 우럭을 쉽게 만날 수 있다. 조피볼락은 분류학적으로 쏨뱅이목 양볼락과에 속하는 크기 30~40cm 정도의 바닷물고기이다. 우리나라 전 연안 해역의 바닥층 암초 주변에서 살면서 작은 물고기나 갑각류 등을 주로 먹는다. 양볼락과에는 흔히 '우럭' 또는 '볼락'이라 통칭하는 50종의 어류가 포함되어 있다. 비슷비슷한 녀석들이 참으로 많기도 하다. 하지만 서해에서 볼 수 있는 조피볼락과 비슷한 종류는 황해볼락, 개볼락, 흰꼬리볼락, 볼락 정도다. 조피볼락은 방추형의 몸매에 머리가 크고 몸이 높다. 옆으로 납작하고, 등지느러미와 꼬리지느러미 등의 모양새가 물고기답다. 회갈색 또는 흑갈색 바탕에 검은 점이 불규칙하게 흩어져 있는 것이 서해 환경에는 안성맞춤이다. 눈 아래 3~4개의 가시와 뺨에 2줄의 짧은 흑색 띠는 조피볼락을 식별하는 중요한 특징이다.

조피볼락

조선 후기의 문신인 서유구(徐有榘, 1764~1845)가 저술한 난호(蘭湖, 지금의 전라북도 고창군) 지방의 어류 기술서인 「난호어목지(蘭湖魚牧志)」 어명고(漁名考)에서 조피볼락에 관한 내용을 찾을 수 있다. '鬱抑魚 울억어'. "서해에 나며, 몸은 둥글고 비늘은 잘다. 큰 놈은 한 자가 넘는다. 등이 높고 검다. 배는 불룩하고 흑백 반점이 있다. 등에 짧은 지느러미가, 꼬리 가까이에 긴 지느러미가 있다. 살은 단단하고 가시가 없으며, 국을 끓이면 맛이 훌륭하다." 가시가 없다는 것을 제외하면, 산지며 몸의 모양, 맛까지 조피볼락의 그것에 딱 맞아떨어진다. 가시가 없는 물고기는 없으므로 다른 물고기에 비해 가시가 적은 것을 가시가 없다고 표현한 듯하다. 어떤 이유에서 우럭어라 불리게 되었는지 어원에 대해 정확히 알 수 없지만, 조피볼락이 예나 지금이나 서해의 명물임은 틀림없다. 물고기는 대부분 암컷이 물속에 알을 낳아서 뿌리거나 붙이고, 동시에 수컷이 수정시키는 체외수정 방식을 통해 자손을 남긴다. 한편 상어나 홍어 등 연골어류와 구피나 망상어 등 일부 경골어류는 암컷의 몸 안에서 알과 정자가 만나는 체내수정 방식을 택한다. 후자의 경우에는 암수가 교미하고 새끼를 낳는다. 조피볼락도 그렇다. 겨울이 오면 짧은 교미를 통해 정자가 암컷 몸 안으로 들어가지만 바로 수정되지는 않는다. 아직 알이 준비되지 않았기 때문이다. 조피볼락의 정자는 암컷의 뱃속에서 겨울잠을 자며 알이 성숙하기만을 기다린다. 수온이 오르기 시작하는 초봄이 되어서야 알이 성숙하고 마침내 수정이 이루어진다. 수정란은 어미 몸 안에서 다시 한 달 반 정도 보내고, 늦봄이나 초여름에 새끼로 태어난다. 막 태어난 새끼 조피볼락은 어른 새끼손톱보다 크기가 작고 여리여리하다. 먹잇감이 풍부한 계절이 되어서야 생때같은 자식들을 거친 세상에 내보고자 하는 어미의 걱정 어린 마음이 조피볼락의 진화 역사에 스며든 듯하여 가슴이 먹먹해진다.

인천일보 2020.9.1.

대벌레
나뭇가지 위장술을 가진

글. 김태우

기다란 몸과 다리를 가지고 있어 위협을 받으면 꼼짝하지 않고 나뭇가지처럼 위장하는 의태곤충으로 알려진 대벌레는 대나무 가지 같다고 하여 한자명은 죽절충(竹節蟲), 영명은 막대곤충(Stick Insect)으로 불린다.

2014년 경기도 고양시에 대벌레가 대발생했다는 뉴스를 듣고 깜짝 놀랐다. 과거 대벌레는 남부지방에서 만나는 흔치 않은 곤충이었는데, 전에 살던 동네에 대벌레가 방제해야 할 정도로 많아질 줄은 전혀 예상하지 못했다. 올해는 고양시에 인접한 서울 은평구 봉산에서 대벌레 대발생 소식이 전해졌다.

대벌레 유충

대벌레 알

잎을 갉아먹는 모습의 대벌레

대벌레는 크지만 느리고 물지 않는 순한 곤충인 데다가 교과서에 죽은 척하는 의사(擬死, Death mimicry)행동의 모델 곤충으로 등장할 만큼 나뭇가지를 빼닮아 사람 눈에 잘 띄지 않는다. 생물 탐사를 해보면, 요즘 서울 근교 어느 야산에서나 대벌레가 조금씩 관찰되고 있다.
산림병해충 발생 예찰 보고서에는 1990년도 이후 경북, 충북, 강원 산림지역에서 대벌레 발생 기록이 있다. 필자도 충주의 어느 숲 속 바닥에서 대벌레 사체가 잔뜩 깔린 장면을 목격한 적 있는데, 곤충에 옮는 곰팡이균이 대벌레 집단에 퍼져 떼죽음한 흔적이었다. 도시 근교는 시민들 눈에 쉽게 띄어 언론에 노출되지만, 산림에서도 알게 모르게 얼마든지 비슷한 대발생 현상이 벌어질 수 있다.

대벌레는 주로 밤중에 참나무 같은 활엽수를 갉아 먹는 산림해충이지만, 그렇다고 나무를 죽이지는 못한다. 오히려 해외에서는 키우기 쉽고 다리가 끊어지면 재생하는 특성이 있어 애완학습 곤충으로 많이 사육하고 있다. 개체수가 폭증한 지역에서 긴급 방제하려면 살충제를 쓸 수밖에 없는데, 생태계에 독성이 적은 친환경적인 방법이 필요하다. 지난겨울 유독 따뜻했던 날씨는 대벌레 알의 생존에 큰 영향을 주었을 것이다.
대벌레는 특히 다른 곤충에게서 보기 힘든 단위생식을 하므로 수컷 없이 암컷 혼자 알을 낳아도 무정란이 부화할 수 있다. 봄에 알에서 유충이 나와 다 자란 성충이 되면 한 마리 암컷은 2~3개월 사는 동안 평균 150개의 알을 숲 바닥에 지속적으로 떨어뜨린다. 방제의 적기는 성충이 산란을 개시하기 직전이며, 알의 생존은 토양 환경의 영향을 많이 받는다. 대벌레 소식 이후 유난히 길고 강했던 올해 장마가 대벌레에게 어떤 물리적 영향을 미칠까. 내년에는 대벌레 발생 상황이 어떻게 변화할지 지켜보아야 할 듯하다.

세계일보 2020.9.4.

야생버섯 눈으로 즐겨야 안전한

글. 김창무

2020년 올해 우리나라는 54일이라는 역대 가장 긴 장마와 연이어 발생한 큰 태풍으로 인해 기후적으로 특이한 한 해를 보내고 있다. 기상학자들은 지구온난화로 기후변화는 계속될 것이라고 한다. 기후변화는 자연생태계에 직접적인 영향을 미친다. 장마철 많은 비로 인해 공원이나 화단 등 생활 주변에서 갑자기 생겨난 버섯을 어렵지 않게 만날 수 있다.

버섯은 땅속에서 실 모양의 균사로 자라다가 섭씨 25도 이상의 온도 조건이 갖추어지고 생존에 절대적인 요소인 수분이 충분하면 자실체, 즉 버섯이라는 형태로 나와 쉽게 눈에 띈다. 따라서 여름 장마철, 장마 직후, 태풍으로 비가 온 이후 등의 시기에 버섯 발생이 급증한다. 버섯은 오래전부터 식재료와 약재로 다양하게 이용됐다. 그렇기 때문에 자연에서 채취한 버섯을 잘못 먹어서 발생하는 중독 사고도 이어지고 있다. 견물생

ⓒ이종걸

붉은주머니광대버섯

심이라고 버섯이 눈에 보이면, 자신의 경험치에 따른 모양과 빛깔 등으로 섣불리 종을 판별하여 주변 사람들과 같이 먹는 경우가 많다. 이 때문에 독버섯 중독 사고는 한 명이 아니라 여러 사람에게 동시에 발생하는 경향이 있다.

우리나라에는 지금까지 2,000여 종의 버섯이 알려져 있다. 이 중 식용이 가능하다고 알려진 버섯은 400여 종으로 20% 내외이고, 독버섯은 160여 종이다. 그 밖의 버섯들은 식용 가치가 낮거나 식용 가능성을 알 수 없는 버섯들이다. 하지만 식용버섯으로 알려진 버섯 중 우리나라 야생에서 채취할 수 있는 버섯은 20종 내외로 매우 적다.

게다가 전 세계적으로 매년 900여 종의 새로운 버섯들이 학자들에 의해 밝혀지고 있다. 우리나라에서도 해마다 50종 이상의 버섯이 새롭게 발견된다. 기후변화로 인한 새로운 종의 유입과 버섯을 구분하는 분류학의 발전으로 우리나라에서 자생하는 버섯 종수는 계속 늘어날 것이다. 따라서 독버섯의 숫자도 증가할 수 있다. 이는 독버섯을 구별하기가 그만큼 어려워지고 있다는 것을 의미한다.

독버섯을 식용버섯으로 잘못 동정하는 요인

독버섯 중독 사고의 가장 큰 원인은 일부 식용버섯과 독버섯의 모양이나 색깔이 유사해 오동정할 확률이 높아서라고 할 수 있다. 사실 버섯을 전공한 전문가도 현장에서 명확하게 종까지 구별할 수 있는 버섯은 그리 많지 않다. 버섯의 형태 변화가 지역, 계절, 생육 정도 등에 따라 차이가 심한 까닭에 쉽게 종을 단정하지 않고 유전자분석과 현미경적 구조 관찰을 통해 최종적으로 동정한다.

버섯의 다양한 색깔은 버섯을 동정하는 중요한 형질이다. 동시에 자외선과 세균으로부터 버섯을 보호하는 역할을 할 뿐 아니라 포자 확산을 위해 곤충을 유혹하는 수단으로 이용된다. 최근 들어 버섯이 함유한 다양한 색소들이 항산화 활성 등의 유용성이 많

대에 띠가 있고 맹독성이 있으나 화려하지 않은 독우산광대버섯

천연살충제로 사용되는 파리버섯

다는 연구 결과가 많이 발표되고 있다. 하지만 동정하는 측면에서 본다면, 물에 잘 녹는 버섯의 수용성 색소는 오동정을 유발하는 가장 큰 요인이다. 비가 오고 나면 원래의 색과 다른 색깔을 띠게 되어 정확한 동정을 어렵게 하기 때문이다.

버섯 동정에 어려움을 주는 다른 요소는 생육단계별로 보이는 다양한 형태다. 버섯은 생육 초기와 말기에 형태적 차이를 보이는 경우가 많다. 이로 인해 일반인이 자신의 부족한 경험에 기초해 버섯 형태를 단정하게 된다면 잘못 동정할 확률이 높아지게 된다.

최근 유튜브에 버섯 채집 영상을 올려 자신의 경험 등을 알리는 분들이 많아지는 것 같다. 일부 동영상에서 너무 자신 있게 종을 판단하는 모습을 보면 놀랍기도 하고 우려스럽기도 하다. 버섯은 단순히 야생에서의 형태만으로 정확하게 동정이 되는 경우는 매우 드물다. 버섯 동정 콘텐츠를 제작하는 분들은 좀 더 신중한 접근이 필요하다고 생각한다. 유튜브 영상은 단순히 재미로만 참고하길.

잘못 알려진 독버섯 상식

사람들은 자신이 알고 있는 단편적인 사실을 기준으로 지식의 전부인 양 일반화하려는 경향이 있다. 독버섯과 식용버섯의 구별에도 이런 잘못된 인식이 작용해 중독사고로 이어진다. 일반적으로 버섯에 대한 잘못된 인식들은 다음과 같다.

독버섯은 색깔이 화려하거나 원색이다, 세로로 잘 찢어지지 않는다, 대에 띠가 없다, 요리 시 은수저가 변색한다, 벌레가 먹지 않는다, 열에 의해 독소는 파괴된다 등이다. 이 모든 것은 사실과 다르다. 색이 화려하지 않은 백색의 독우산광대버섯, 흰알광대버섯은 아마톡신이라는 맹독성 독소를 갖고 있어 섭취 시 사망에까지 이르게 된다. 대부분의 버섯은 세로로 잘 찢어지며 독버섯들도 예외는 아니다. 맹독성 독버섯인 광대버섯류의 가장 큰 특징 중 하나가 대에 띠가 있다는 것이다. 요리 시 은수저 변색은 독소의 종류에 따른 것으로 버섯에서는 적용되지 않는다. 대부분의 독버섯은 곤충들이 먹는다. 이는 버섯이 진화적으로 포자를 널리 퍼뜨리기 위해 곤충을 이용한다는 사실로 쉽게 알 수 있다. 독버섯의 모든 독소가 열에 의해 파괴되는 것은 아니며, 파괴되는 독소의 종류가 정확히 무엇인지 알려진 바도 없다.

전 세계적으로 정립된 독버섯 구별 방법은 없으며, 대부분 기존의 전통적인 경험에 의존한다. 새로운 종이 발견되어도 그 종이 식용 가능한지 연구자들이 확인할 방법은 극히 제한적이며, 확인하기 위한 노력도 잘 하지 않는다. 확인하려다가 자칫 본인이 병원 신세를 질 수도 있기 때문이다.

국내외 독버섯 중독사고 현황

독버섯 중독 사고는 우리나라를 포함하여 전 세계에서 발생하는데 매년 100여 명이 독버섯으로 인해 목숨을 잃는다. 최근 충북농업기술원의 보도자료에 따르면 우리나라에서는 최근 5년간 90여 건의 독버섯 중독 사고가 발생하여 10여 명이 목숨을 잃어, 연평균 사고 18건에 사망자 2명을 기록했다고 한다.

중국 윈난성에서는 지난 30년간 400명의 지역주민이 사망하는 사건이 발생하였는데, 원인 중의 하나로 흔히 작은흰버섯(小白菌, *Trogia venenata*)이라 불리는 독버섯이 주목을 받았다. 연구 결과 작은흰버섯은 3종의 독소를 가지고 있는 것으로 보이지만, 아직 정확한 사망사고의 원인이 밝혀지지는 않았다고 한다. 우리나라에서는 아직 작은흰버섯이 확인되지 않고 있다.

독버섯 중독 증상

독버섯 중독은 주로 버섯 섭취 초기에 증상이 나타나고, 일부는 수일 후에 증상을 보이기도 한다고 알려져 있다. 초기의 주요 증상은 심한 복통, 구토, 설사 등이며, 일부 신경독소가 함유된 버섯을 섭취했을 때는 두통, 경련, 호흡곤란 등의 증상을 보이기도 한다. 증세가 심할 경우 급성 신부전, 간부전, 간이식 등의 중대한 건강 문제를 일으키거나 사망에 이르기도 한다.

섭취한 버섯이 함유하고 있는 독소의 종류에 따라 중독 증상에 차이가 있어, 치료과정에서 어떤 버섯을 섭취하였는가는 매우 중요한 부분이다. 이 때문에 만약의 경우에 대비해 섭취한 버섯 일부를 냉장고 등에 남겨두었다가 병원으로 이송될 때 가져오라는 말을 하지만, 이는 현실적이진 않다. 독버섯 중독 사고는 같은 버섯요리를 먹었다고 해도 각 사람의 건강 상태나 체질 등에 따라 나타나는 정도의 차이를 보인다. 따라서, 증상이 있으면 병원을 방문하여 정확한 진단과 치료를 받아야 한다.

생육단계별 붉은주머니광대버섯

붉은사슴뿔버섯

독버섯의 활용 및 생태계에서의 역할

독도 잘 쓰면 약이 된다는 말이 있듯이, 독버섯이 함유한 독성분을 활용하고자 하는 연구들이 진행되고 있다. 심각한 중독 증상을 보이는 붉은사슴뿔버섯은 유방암 치료물질인 '독소루비신'보다 500배 이상 강력한 항암물질인 '로리딘E'를 함유하고 있다. 국내에 살충제가 보급되기 전에는 천연살충제로 버섯을 이용했는데, 파리버섯을 밥알과 비벼 놓으면 파리가 먹고 나서 죽었다고 한다. 이는 파리버섯의 독성분에 의한 것으로 추정되지만 정확한 성분은 아직 밝혀지지 않았다. 국내 천연살충제 제조회사에서 파리버섯을 이용한 살충제를 제조하여 판매하고 있는 것으로 알고 있다. 중추신경에 영향을 주는 독성분은 진통제로도 활용 가능할 것으로 생각된다.

대부분의 버섯은 산림생태계에 존재하는 유기물을 분해하는 역할을 통해 물질순환을 담당하고 있다. 독버섯들도 물질순환의 역할을 한다. 단지 독이 있을 뿐이다. 독버섯이 독성분을 가진 데는 생물학적 이유가 분명히 있을 것이다. 단지 인간에게 독성을 보인다고 해로운 생물이라고 할 수는 없다. 인간에게는 독성을 보이지만, 곤충이나 다른 동물에게는 독성을 보이지 않는 경우가 많기 때문이다.

독버섯 피해 예방법

독버섯 중독 사고를 겪지 않으려면 어떻게 해야 할까? 100% 식용버섯이라는 확신이 없다면 절대 야생 버섯을 먹지 말고, 혹시라도 야생에서 버섯을 채취했다면 절대 버섯들이 섞이지 않게 해야 한다. 지역에서 전해오는 버섯 구별 전통이나 자칭 전설들의 말은 믿지 않는 게 좋다. 단순히 도감이나 휴대전화의 앱만 보고 자의적으로 버섯 종을 판단해서는 절대 안 된다. 이것들은 그냥 참고용으로 보기 바란다. 또한 식용버섯이라도 생으로 많이 먹게 되면 중독 증상이 일어날 수 있으니 생식은 되도록 피하기 바란다.

핵심 예방법은 농민들이 재배한 식용버섯인 표고, 새송이, 느타리 등을 동네 마트나 재래시장에서 사서 가족과 안심하고 먹는 것이다. 야생에서 먹을 수 있는 버섯을 찾고자 하는 수고 대신에 다양한 버섯 요리법을 찾아서 여러 가지 방법으로 맛있게 즐기는 게 현명하다고 생각한다. 독버섯은 인간이 구분한 범주일 뿐 자연계에서는 따로 구별되어 자라거나 하지 않는다. 독버섯도 자연생태계의 구성원임을 인정하고 눈으로만 보는 것이 자연과 건강을 위한 작은 실천이다.

한국일보 2020.10.24.

화상벌레라는 오명을 얻은 청딱지개미반날개

글. 박선재

독성 방어물질을 가지고 있어서 접촉하면 피부염이 발생해 해충이라는 인식이 강하게 들지만, 실은 매미충류 같은 농업 해충을 잡아먹는 이로운 곤충이다.

2019년 9월 말, 전북 완주의 한 대학교 기숙사에서 화상벌레가 나왔다는 소식이 매스컴을 뜨겁게 달군 적이 있다. 그해 10월까지 전국에서 화상벌레가 발견되었다는 뉴스가 계속되었고, 사람들에게 화상벌레는 두려움의 대상이었다. 사실 화상벌레는 '청딱지개미반날개'라는 딱정벌레의 일종이다. 이 곤충의 독성 방어물질인 '페데린'이 사람의 피부에 닿았을 때 화상과 같은 통증과 상처가 생겨 붙여진 별명인 셈이다. 국내에서 페데린에 의한 피해는 1968년 전남 지역에서 처음 발생한 뒤 국지적으로 전라도와 경북 김천 등지에서 사례가 보고된 바 있다. 봄부터 가을까지 논이나 하천 주변 습지에서 주로 생활하며, 야간에 불빛에 유인되어 인가로 들어와 피해를 주기도 한다.

청딱지개미반날개의 형태를 자세히 보면 색이 화려하고 매우 예쁘다는 생각이 들 것이다. 딱지날개가 짧게 변형되어 '반날개'라는 이름이 붙었고, 외부 형태가 개미와 유사하여 '개미'라는 이름이 추가되었다. 또, 파란색 또는 초록색의 화려한 금속성 딱지날개로 인해 '청딱지'라는 이름이 붙어 '청딱지개미반날개'가 되었다. 이들과의 접촉에 의한 피부염으로 해충이라는 인식이 강하게 들지만, 실은 매미충류 같은 농업 해충을 잡아먹는 이로운 곤충이다.

청딱지개미반날개가 세간의 관심을 얻은 또 다른 이유는 외국에서 유입된 침입외래종이 아니냐는 것이었다. 청딱지개미반날개에 의한 피해가 동남아시아에서 많이 보고되어 그런 것일 뿐, 이 곤충은 북아메리카와 극지방을 제외한 전 세계에 널리 분포하고 있다. 물론 우리나라에도 사는 자생종이다.

청딱지개미반날개는 1936년 일본인 학자 하쿠에 의해 우리나라에서 처음으로 보고되었다. 하쿠가 경상북도에 서식하는 곤충상 연구에서 처음 발표한 이후 국내외 연구자에 의해 우리나라 전국에 분포하는 것이 확인되었다. 심지어 제주도나 독도와 같은 도서 지역에서도 청딱지개미반날개가 서식하고 있다. 우리나라에서 언제부터 살고 있는지는 알 수 없지만 전 세계적 분포 양상을 고려했을 때 예전부터 우리나라에서 살아가는 자생종임은 분명하다.

이렇듯 특정 생물에 대해 잘 몰라서 생기는 오해가 없도록 이들에 대한 올바른 정보가 잘 전달되어, 청딱지개미반날개도 우리와 함께 살아가는 소중한 자생생물이라는 사실이 널리 인식되었으면 하는 연구자로서의 작은 바람을 가져본다.

세계일보 2020.5.15.

청딱지개미반날개

갯가에서 사는 개리

글. 최유성

개리는 갯기러기의 줄임말로, 바닷물이 드나드는 강이나 내를 뜻하는 '개'와 '기러기'가 합해져 갯기러기가 되었고 이후 개리라 불리게 되었다. 이름처럼 개리는 주로 갯가에 서식한다. 개리는 전 세계에 10만 마리 미만이 사는 멸종위기종으로, 한국, 중국, 몽골, 러시아 등 동아시아 지역에만 서식한다.

'개리'하면 대부분 연예인을 떠올린다. 인터넷을 검색해도 그렇다. 검색 항목을 한참 내리고 나서야 아래쪽에 생물 '개리'의 정보가 나온다. 해당 항목에는 "머리와 목덜미는 갈색이지만, 뺨과 목 앞쪽은 밝은색으로 차이가 뚜렷한 조류다. 얼핏 보면 거위와 비슷하게 생겼다. 아시아 지역에서는 거위의 야생종을 바로 개리라고 한다."는 설명이 달려 있다.

ⓒ한종현

개리

기수지역의 습지에 도래하는 개리

새섬매자기의 뿌리 줄기를 먹는 개리

우리나라에 도래하는 개리는 아무르강 유역에서 번식하는 집단이다

개리는 기러기목 오리과에 속하는 몸길이 87cm 정도의 기러기이다. 다른 종처럼 '~기러기'라 불리지 않아 새를 잘 모르는 이에겐 낯선 이름이다. 개리는 갯기러기의 줄임말로, 바닷물이 드나드는 강이나 내를 뜻하는 '개'와 '기러기'가 합해져 갯기러기가 되었고 이후 개리라 불리게 되었다고 한다. 이름처럼 개리는 주로 갯가에 서식한다. 우리나라에 10월에 도래하여 이듬해 4월까지 관찰되며, 한강하구와 충남 서천의 장항갯벌에서 주로 보인다. 개리는 습성도 다른 기러기들과 다르다. 겨울철 큰기러기, 쇠기러기는 농경지에서 떨어진 곡식 낟알을 먹지만, 개리는 갯가에서 매자기류(벼목 사초과 식물)의 알뿌리를 부리로 캐 먹는다. 이는 고니와 비슷한 습성으로, 개리의 영어명(Swan goose)은 바로 이를 보고 붙인 이름이다.

개리는 전 세계에 10만 마리 미만이 사는 멸종위기종으로, 몽골, 러시아, 중국, 한국 등 동아시아 지역에만 서식한다. 우리나라에서도 멸종위기 야생생물 Ⅱ급과 천연기념물 352-1호로 지정된 보호종이다. 개리는 크게 두 개의 번식집단으로 구분되며, 유전적으로 차이가 있다. 몽골, 러시아, 중국 국경지인 초원 습지에 번식하고, 중국 양쯔강 유역으로 이동하여 월동하는 내륙 집단과 러시아 동부 아무르강 유역에서 번식하는 집단이다. 아무르강 유역의 집단은 서식지 감소, 밀렵 등 많은 위험에 직면해 현재 500마리 정도가 남아있다. 최근 이동연구를 통해 우리나라에 도래하는 개리가 아무르강 유역의 집단임이 확인되었다. 하지만 우리나라 또한 개리들에게 그리 넉넉한 보금자리를 제공해 주진 못한다. 하구역 개발, 토양 침식으로 인한 먹이 감소 등으로 서식지가 점차 줄어들기 때문이다.

개리가 부디 사라지지 않고, 동명이종(同名異種)인 연예인처럼 사람들에게 오래 기억되고 사랑받기를 기대해 본다.

세계일보 2020.9.18.

도요새의 맏형
알락꼬리마도요

글. 김진한

알락꼬리마도요는 마도요와 함께 우리나라에 도래하는 도요새 무리 중에서 가장 큰 도요새이다. 아래로 휘어진 긴 부리를 갯벌에 있는 구멍으로 밀어 넣어 그 속에 숨어있는 칠게와 같은 저서무척추동물을 주로 잡아먹는다.

가을과 함께 찾아오는 반가운 철새들이 있다. 대부분 북쪽의 번식지에서 봄에 알을 낳고 부지런히 새끼를 키워서 추운 겨울이 오기 전에 따뜻한 남쪽 나라로 이동하는 길에 우리나라를 잠시 들르는 통과철새들이다. 그중에 갯벌 위를 알록달록하게 수놓으며 '삐유~삐유~, 휘~휘'하면서 바삐 움직이는 녀석들을 볼 수 있다. 번식지인 시베리아나 알래스카에서부터 우리나라의 갯벌에 날아와 지친 몸을 추스른 후 길고 힘든 비행을 위해 에너지를 충전하고, 따뜻하게 겨울을 날 수 있는 남반구의 호주나 뉴질랜드로 날아가는 도요새와 물떼새들이다. 9월과 10월에 도요새들의 떠들썩한 잔치가 벌어지고 나면 북녘에서 오리와 기러기들이 내려와 그 빈자리를 메울 것이다. 그리고 내년 봄이 되어 오리와 기러기들이 다시 북쪽으로 떠나 갯벌이 휑해지면 도요새들이 뒤따라 갯벌을 찾아와서 봄의 활기를 뽐게 된다.

ⓒ이종렬

알락꼬리마도요

ⓒ이종렬

가슴과 배가 흰색인 마도요와 갈색인 알락꼬리마도요

©이종렬

갯벌에서 사냥하는 알락꼬리마도요

이처럼 도요새는 가을과 봄이 왔음을 알려주는 계절의 전령사이다. 알락꼬리마도요는 마도요와 함께 우리나라에 도래하는 도요새 무리 중에서 가장 큰 도요새이다. 아래로 휘어진 긴 부리로 갯벌에 있는 구멍을 쑤시면서 그 속에 숨어있는 칠게와 같은 저서무척추동물을 잡아먹는다. 수많은 종류의 도요새가 갯벌이라는 같은 장소를 공유하면서 한정된 먹이자원을 어떻게 다툼 없이 이용하는지를 보면 신비롭다. 알락꼬리마도요와 마도요는 긴 부리로 갯벌 속 깊은 곳에 있는 게와 갯지렁이 종류를 먹고, 민물도요나 흰물떼새처럼 부리가 짧은 종류는 갯벌 표면이나 얕은 곳의 무척추동물을 주로 먹는다. 도요새마다 부리의 길이가 다르고 선호하는 먹이가 달라서 함께 모여 북적이면서도 먹이에 대한 구분이 있어 큰 다툼 없이 살아가고 있다. 이런 현상을 '생태적 지위'라 설명하고 있으며 경제학에서도 차용하여 틈새시장(니치)이라는 용어로 설명하고 있다.
하지만 갯벌의 훼손과 매립으로 인하여 이렇게 오랜 진화의 시간 동안 치밀하게 짜인 조화와 균형이 깨지고 있다. 인천 삼목도와 용유도 사이의 드넓은 갯벌은 비행기가 뜨고 내리는 국제공항으로 변하였고, 남양만의 갯벌도 화옹지구 하굿둑 공사와 매립공사로 생태적 기능을 상실했다. 새만금지역의 갯벌도 개발공사로 택지나 농경지로 탈바꿈하고 있다. 청소년들이 즐기는 게임 중에 '젠가'라는 게임이 있다. 쌓아놓은 나무블록을 쓰러트리지 않고 하나씩 빼내야 하는데, 균형이 깨지는 순간 와르르 무너지는 긴장감 있는 게임이다. 지금 우리는 생태계 젠가의 어느 블록을 빼고 있을까?

인천일보 2020.9.29.

아랫배가 갈색인 알락꼬리마도요

가을을 노래하는 늦털매미

글. 변혜우

여름밤 산기슭에 울려 퍼지는 소쩍새의 울음, 녹색의 램프를 깜박이며 날아다니는 애반딧불이, 한낮의 뜨거운 햇살 아래 소리치듯 우는 말매미의 등장은 여름을 상징하는 대표적인 자연의 신호라 여겨진다. 하지만 가을에도 이동하는 소쩍새의 울음을 종종 들을 수 있고 늦반딧불이는 가을에 등장한다. 늦털매미 역시 가을에 우화하여 풍성해지는 우리 들녘의 만추를 노래한다.

보통 가을을 알리는 대표적인 곤충은 귀뚜라미 종류라고 생각한다. 그러기에 매미도 가을을 알리는 전령사 역할을 하고 있다는 것을 아는 사람은 그리 많지 않다. 늦털매미는 일반적으로 일교차가 커지는 시기인 9월경에 땅속에서 나와 울기 시작한다. 여름에 듣는 우렁찬 말매미나 방정맞은 애매미 소리와는 다르게 가을에 어울리는 은은한 음색으로 계절이 바뀌었음을 알린다. 가을 산책을 하는 사람들은 한 번쯤 들어봤을 테지만, 매미 소리라기보다는 오히려 여치와 같은 알 수 없는 풀벌레 소리라고 여겼을 수 있다.

늦털매미와 생김새가 아주 비슷한 매미가 우리나라에 또 있는데, 이름도 비슷한 털매미이다. 얼핏 보기에는 늦털매미와 구분이 안 될 정도로 크기나 색깔이 흡사하다. 겉으로 드러나지 않는 뒷날개 색깔이 두 종을 확연하게 구분해 주지만, 보통 나무에 앉아 있으면 뒷날개는 보이지 않아 쉽게 구분되지 않는다. 이렇듯 닮은 두 종이지만 이들은 만날 수 없는 운명이다. 털매미는 여름이 시작하는 5월 말 정도에 나타나서 여름이 깊어가면서 서서히 사라지고, 늦털매미는 보통 9월경에야 나타나기 때문에 두 종을 같은 시기에 보기는 쉽지 않다. 울음소리도 확연하게 달라서 두 종이 서로를 짝으로 찾아 유전적으로 섞일 확률도 낮다. 그런 이유로 긴 세월 동안 한 종은 여름의 시작을, 다른 한 종은 가을의 시작을 알리고 있다.

올해는 북미에서 '17년매미'가 대량 발생한 해이다. 2003년에 한 번 대발생했다가 깜깜한 땅속에서 17년을 살고 올해 다시 한 치의 오차도 없이 수백만 마리가 한꺼번에 나타났다. 그리고 찰나의 시간이지만 땅 위에서 빛을 보며 살다가 다시 사라졌다. 매미들의 생활사를 자세히 들여다보면, 한여름의 시끄러운 매미 소리도 그들만의 세레나데로 이해하고 배려할 수 있는 여유가 생기게 된다. 긴 시간을 땅속에서 기다리다 한 달도 안 되는 짧은 시기에 자신의 유전자를 남기고자 죽음을 무릅쓴 외침이니 말이다.

세계일보 2020.10.16.

늦털매미

소녀의 양산 마타리

글. 정은희

마타리는 노란 양산 같은 꽃이 꽃다발을 이룬 듯 피어나 정원이나 공원에 관상용으로 이용하기도 하지만 햇살이 잘 드는 우리의 들녘에서 자라는 약용식물이다. 마타리란 이름은 이 식물의 뿌리에서 나는 독특한 냄새에서 유래되었다.

"… 그런데, 이 양산같이 생긴 노란 꽃이 뭐지?"
"마타리꽃."
소녀는 마타리꽃을 양산 받듯이 해 보인다.
풋풋함이 가득 전해지는 소설 '소나기' 중에서 소년과 소녀의 대화이다. '소나기'의 배경이 되는 계절은 여름이 아니라 가을이다. 한여름을 보내며 가을을 마주하는 무렵부터 산과 들에서 흔히 보는 노란 양산 같은 꽃이 바로 마타리이다. 작은 꽃들이 모여 꽃차례를 이루는 것이 마치 산형과의 우산 모양 꽃차례처럼 보이지만, 마타리는 인동과에 속하는 식물이다.

마타리

7~8월에 피는 마타리꽃

©Nancy J. Ondra

아래쪽 꽃자루가 길게 자라나 꽃이 고르게 보인다

"

"… 그런데, 이 양산같이 생긴 노란 꽃이 뭐지?"
"마타리꽃"
소녀는 마타리꽃을 양산 받듯이 해 보인다.
풋풋함이 가득 전해지는 소설 '소나기' 중에서 소년과 소녀의 대화이다.

"

마타리는 여러해살이 식물이며 키가 150cm까지 자란다. 줄기에 붙은 잎은 마주나며 깃털 모양으로 갈라지고, 4개의 수술을 가진 노란 꽃이 모여 달린다. 마타리속 식물은 세계적으로 13종이 있으며 우리나라에는 마타리, 돌마타리, 금마타리, 뚝갈, 긴뚝갈 5종이 있다. 그중 마타리만 열매를 감싸는 날개 모양의 포가 없는 것으로 뚜렷하게 구별된다. 비슷하게 생긴 뚝갈은 흰 꽃이 핀다. 긴뚝갈은 뚝갈과 유사하지만 옅은 황색의 꽃에 수술의 수가 1~2개에서 드물게는 3개이다. 돌마타리는 마타리와 유사하지만, 마타리보다 키가 작고, 금마타리는 우리나라에서만 보이는 고유종으로 다른 마타리 식물과 달리 5~6월에 높은 산에 노랗게 핀다.
마타리는 한자어로 패장(敗醬)이라고 부르는데, 이는 썩은 장(豆醬) 또는 젓갈이란 뜻으로 매우 불쾌하고 역한 냄새가 난다고 붙여진 이름이다. 특히 뿌리 부분의 냄새가 심하고, 건조되었을 때 더 짙어진다. 마타리와 사촌뻘 되는 식물인 쥐오줌풀도 이름으로 짐작되듯 고약한 냄새가 난다.

마타리라는 이름은 어떻게 유래되었을까? 우리말 고어사전에 '몰'은 말과 멀의 중간 발음으로, 고대에는 용변인 똥과 오줌을 뜻하여 큰몰, 작은몰이라 각각 불렀다. 우리가 지금도 쓰는 표현인 '마렵다'가 이로부터 파생된 동사이다. 정확히 알려진 바는 없지만, 냄새와 연결해 보면 가장 유력해 보이는 이름의 유래이다. 타리는 다리 또는 갈기라는 뜻의 옛말 타리 등으로 풀이된다. 높이 자라는, 또는 깊게 갈라지는 잎 때문에 붙여진 것으로 보인다.

세계일보 2020.8.21.

수천km를 날아온 겨울철새

글. 허위행

우리나라에는 얼마나 다양한 철새들이 날아와 겨울을 날까. 현재 우리 자연에서 기록된 새들은 500여 종이 넘고 이중에 겨울철새의 정확한 종 수를 산정하기는 어렵지만 대략 150여 종으로 볼 수 있다. 대표적인 겨울철새로는 오리류, 기러기류, 갈매기류를 들 수 있으며 그밖에도 고니류, 두루미류, 떼까마귀 등이 있다.

봄여름 동안 다양한 생명체들은 왕성한 생명력을 뽐내며 저마다 가장 자신 있는 빛깔과 몸짓을 보여준다. 그러다가 가을을 지나 겨울이 되면 자연의 생명들은 치열한 생존경쟁에서 잠시 호흡을 가다듬고 새로운 봄을 맞이하기 위한 휴식시간을 갖는 듯 보인다. 겨울은 생명활동의 다양성이란 측면에서 양이나 질적으로 다른 계절에 비해 현저히 떨어지고 조금은 조용하고 쓸쓸한 느낌마저 들기 때문이다. 그러나 겨울이 오히려 다른 계절에는 볼 수 없는 다양한 손님들이 찾아와 활기가 넘치는 곳들도 있다.
이 손님은 바로 겨울철새들이다. 새들은 날개가 있어 먼 거리를 이동할 수 있는데, 알을 낳아 새끼를 키우는 곳(번식지)과 겨울을 나는 곳(월동지)이 아주 멀리 떨어진 종류들이 많다. 계절에 따라 번식지와 월동지를 오가는 이런 새들을 철새라고 한다. 우리나라

©이종렬

우리나라의 습지를 찾아온 겨울철새들

대표적인 겨울철새인 청둥오리와 이동경로(2017.1.25~2018.6.2)

에도 계절에 따라 다양한 철새들이 찾아오는데, 관찰되는 시기에 따라 여름철새, 겨울철새, 통과철새로 구분한다. 특히 겨울에만 볼 수 있는 철새 중에는 오리류, 기러기류, 갈매기류 등과 같이 유달리 사람들에게 친숙한 종류들이 많다. 아마도 산새류에 비해 덩치가 큰 데다 강과 하천, 호수, 해안가 등 넓은 습지에 무리를 지어 사는 까닭에 대체로 다른 새들보다 쉽게 관찰할 수 있기 때문일 게다.

대표적 겨울철새 오리

환경부 국립생물자원관에서는 해마다 겨울철새가 도래하는 전국의 주요 습지 200곳을 대상으로 어떤 종류의 새들이 얼마나 살고 있는지 알아보기 위해 특정한 날 많은 연구자들이 참여해 동시조사를 하고 있다. 2019년 1월 조사에서는 전국 200개 습지에서 모두 193종 147만여 마리가 관찰되었다. 200곳 외에 조사대상에 잡히지 않은 월동지도 많고, 겨울철새 중에는 물가를 좋아하는 물새류뿐 아니라 작은 산새 종류도 많은 점을 감안하면 이보다 훨씬 더 많은 수가 우리나라를 찾아와 겨울을 난다고 볼 수 있다.
이 조사에서 우리나라를 찾아와 월동하는 새들 중 가창오리가 35만여 마리로 가장 많은 것으로 확인되었고, 이어 쇠기러기, 청둥오리, 큰기러기, 흰뺨검둥오리 순이었다(흰뺨검둥오리와 청둥오리는 일부가 우리나라에서 번식하기도 하지만, 대다수는 겨울을 나면 번식지로 날아가는 까닭에 겨울철새로 보았다). 이들 중 분류학적으로 기러기목(Order anseriformes) 오리과(Family anatidae)에 속하는 오리류, 기러기류, 고니류가 33종 103만여 마리로 전체 마릿수의 70% 정도를 차지한다. 특히 오리류는 25종 73만여 마리로 가장 다양하고 많은 대표적인 겨울철새라 할 수 있다.

오리류들 어디에서, 왜 날아올까

우리나라에서 겨울을 난 철새들은 봄이 되면 북쪽 번식지로 돌아가 봄여름 동안 알을 낳고 새끼를 키워 가을이면 다시 우리나라로 날아오는 먼 여정을 해마다 되풀이한다. 그렇다면 겨울철새들이 번식하는 곳은 어디일까. 번식지와 월동지를 오가기 위해 또 얼마나 먼 거리를 이동할까. 겨울철새들이 번식하는 지역의 위치와 범위는 종마다 달라서 현재까지도 명확히 다 밝혀진 것은 아니다.
최근에는 위치추적 기술을 활용해 종별 번식지와 월동지, 그리고 두 지역을 오가는 이동경로를 정확하게 파악해 나가고 있다. 국립생물자원관의 종별 이동경로 연구에 따르면 청둥오리는 극동 러시아 북부에 위치한 부랴티야와 이르쿠츠크, 중국 북부 네이멍구와 헤이룽장성 등지에서 번식을 하며, 월동지인 우리나라까지 이동하는 거리는 약 1,500km에서 2,700km에 이른다. 특히 고방오리, 홍머리오리는 러시아의 추코츠키, 가창오리는 레나강 삼각주가 번식지로 나타났는데, 북극과 인접한 고위도에 걸쳐 있

수면성 오리인 알락오리 한 쌍(왼쪽 암컷, 오른쪽 수컷)

잠수성 오리인 흰죽지(수컷)

●

우리나라 새의 분포와 이동에 대해 더 많은 정보를 보시려면 환경부 국립생물자원관에서 운영 중인 '철새정보시스템'(species.nibr.go.kr/bird)을 방문해 주세요는 이들 지역은 우리나라까지 직선거리로 4,000km 이상 된다.
오리류들은 왜 힘들게 이 먼 거리를 이동하는 걸까. 이는 각 계절에 따라 가장 살기 좋은 환경을 찾으려 하기 때문이다. 대부분의 오리류는 번식기가 되면 광활하게 펼쳐진 초지와 습지 환경을 좋아한다. 이런 환경은 새끼를 낳고 키우는 시기에 서로 간의 경쟁을 최소화할 수 있는 충분한 공간을 제공하며, 기온이 올라감에 따라 동물성 먹이도 풍부해진다. 새끼들이 다 자라날 때쯤이면 번식지에 겨울이 찾아온다. 고위도 지방의 겨울은 빨리 올 뿐 아니라 추위가 매우 혹독하다. 추위에 잘 적응하는 오리류라 할지라도 땅과 습지의 물마저 얼어붙는 극한의 환경을 이겨낼 수 없기에 상대적으로 따뜻하고 먹이를 구할 수 있는 우리나라로 날아온다.

수면성과 잠수성 오리

사람들은 야외에서 야생 오리를 만나면 정확한 종까지는 아니더라도 다른 새와 비교적 쉽게 구분하는 편이다. 집오리를 통해 이미 오리류의 특징에 친숙해 있기 때문이다. 아주 오래전부터 고기와 알을 얻기 위해 길러온 집오리는 깃털 빛깔이 다르긴 하지만 청둥오리와 생물학적으로는 같은 종이다. 청둥오리는 오리류 중에 수가 가장 많고, 넓적한 부리와 발가락 사이 물갈퀴 같은 오리류의 전형적인 특징을 잘 보여준다. 청둥오리를 포함해 오리류 중 다수의 종은 우리 주변의 하천과 강, 호수, 해안가 등에서 비교적 쉽게 관찰할 수 있다. 새에 관심을 가지고 꾸준히 관찰하는 사람이라면 겨울철 우리나라를 찾는 다양한 오리를 하나하나 구분할 수 있겠지만, 일반 사람들이 각각의 종을 구분하기란 쉽지 않다. 생물종을 구분하고자 할 때는 우선 생태나 형태의 공통점을 찾아 무리로 묶어 보면 큰 도움이 된다. 오리의 경우 살아가는 모습, 즉 생태적 특징에 따라 크게 수면성 오리와 잠수성 오리로 나눌 수 있다.
집오리 원종인 청둥오리는 가장 대표적인 수면성 오리다. 이밖에도 흰뺨검둥오리, 가창오리, 쇠오리, 고방오리, 알락오리, 홍머리오리, 넓적부리 등을 들 수 있다. 이들 수면성 오리는 수면을 헤엄치며 다니지만 잠수는 거의 하지 않는다. 수면이나 얕은 물속, 물가 인근 초지 등에서 수초나 씨앗 등 식물성 먹이를 주로 먹으며, 추수가 끝난 논에 떨어진 이삭 등도 수면성 오리의 중요한 먹이가 된다.
잠수성 오리는 수면을 헤엄치다가 수시로 잠수하는데, 이는 좋아하는 먹이가 바로 물속에 있기 때문이다. 잠수성 오리는 대표적으로 흰죽지, 검은머리흰죽지, 비오리, 댕기흰죽지, 흰뺨오리 등을 들 수 있다. 흰죽지, 검은머리흰죽지, 댕기흰죽지와 같은 흰죽지 종류는 물속에 사는 수서곤충이나 조개 등 무척추동물을 좋아하며, 비오리 종류는 물속을 헤엄쳐 물고기를 잡아먹는다. 부리가 넓적한 다른 오리류와 달리 비오리 종류는 물고기를 잡는 데 유리하도록 부리가 길고 뾰족한 편이다.

겨울철 하천가 산책로를 걷다가 오리들이 보이면 수면에서만 헤엄치며 먹이를 먹는지, 아니면 수시로 잠수하는지 관심을 가지고 관찰해 보라. 그러면 정확한 종을 알 수 없더라도 그 오리가 수면성인지, 아니면 잠수성인지 구분할 수 있다.
겨울철 주변 습지에서 볼 수 있는 새들 중에는 오리로 착각하기 쉬운 종들도 있다. 멀리서 보면 형태나 습성이 비슷해 오리류로 착각하게 하는 종에는 논병아리와 물닭이 있다. 논병아리는 잠수를 잘해 잠수성 오리처럼 보이고, 물닭은 잠수도 잘하지만 수면에서 먹이를 먹는 모습이 수면성 오리처럼 보인다. 이 두 종은 부리가 오리류에 비해 비교적 짧고 뾰족한 편이고, 물갈퀴는 모든 발가락이 연결된 오리와 달리, '판족'이라 하여 발가락마다 지느러미 같은 형태로 따로 나 있는 게 특징이다.

공존의 지혜를 가진 오리들

오리류들은 비슷해 보이는 공간에 함께 어울려 살아간다. 이들의 삶터인 하천이나 강, 호수 등은 비슷비슷해 보여도 실은 자세히 살펴보면 다양한 환경으로 이루어져 있다. 수심도 다양하고, 물 가장자리가 모래나 암석으로 덮여 있거나 식물로 덮여 있는 곳도 있다. 물가 주변도 논으로 둘러싸여 있을 수 있고, 숲이나 산이 품고 있을 수도 있다. 눈에 보이지 않는 물속 환경도 물 밖 환경만큼이나 다양하다.
여러 오리류들이 같은 공간에서 함께 살아갈 수 있는 것은 각자가 좋아하는 환경과 먹이를 고유한 방식으로 나누어 이용하며 생활하기 때문이다. 앞서 오리의 생태적 특성에 따라 수면성 오리와 잠수성 오리로 나누었지만, 자세히 살펴보면 각 종에 있어서도 선호하는 환경과 먹이에 조금씩의 차이가 있다. 이렇듯 동일한 공간에서 각자의 특성대로 먹이원을 나누어 이용함으로써 서로 공존하며 어울려 살 수 있다.

오리로 착각하기 쉬운 논병아리

북쪽 그 먼 곳에서 따뜻한 곳을 찾아 우리나라로 날아오는 오리류들의 겨울나기는 점점 더 쉽지 않은 상황이 되어 가는 것 같다. 여러 오리류들이 어울려 살아가려면 습지의 다채로운 환경이 유지되어야 한다. 하천의 흐름을 직선화한다거나 하천이나 호수의 가장자리를 콘크리트로 단순화하게 되면 환경의 다양성은 그만큼 낮아질 수밖에 없다. 물론 사람들의 편의나 홍수, 가뭄 등의 피해를 최소화하기 위해 필수적인 부분을 변화시킬 필요는 있다. 그러나 불가피하게 습지 환경을 변화시키는 경우에도 이를 이용하는 존재가 사람만은 아니라는 점을 항상 고려해야 한다. 계획을 세울 때부터 환경의 다양성을 유지시킬 방법을 고민하고 적용할 필요가 있다. 앞서 수면성 오리에게는 추수가 끝난 논에 남겨진 낟알이 중요한 먹이라고 했다. 그런데 요즘에는 논에 남아 있는 볏짚을 사료용으로 거둬들이는 일이 많아져 볏짚과 함께 낟알과 이삭들도 사라져 오리들의 먹이가 크게 줄어들 수밖에 없다. 먹이를 찾아 논으로 날아오는 오리류와 기러기류를 위해 볏짚을 남겨두면 좋겠지만 농사짓는 분들의 배려와 희생만을 강요할 수 없는 부분이다.

정부에서는 '생태계 서비스 지불제 계약'이라는 제도를 만들어 논에 볏짚을 남겨두면 그에 대한 지원을 해주고 있다. 이는 오리류를 비롯한 야생동물과 함께 살아가기 위한 하나의 좋은 방법이다. 자연과 생명의 다양성을 유지함으로써 마지막에 혜택을 받는 존재는 결국 사람이므로 이러한 공존의 방법은 계속 고민해야 한다.

겨울에 가까운 하천이나 호수, 해안가를 찾아 야생의 오리를 만나보면 어떨까. 이들을 가까이에서 조용히 지켜보며 환경과 생물의 다양성을 직접 확인해보고, 같은 공간에서 어울려 살아가는 자연의 지혜를 엿볼 수 있지 않을까.

한국일보 2020.1.4.

오리로 착각하기 쉬운 물닭

민물가마우지
어부의 조력자

글. 김진한

인간을 돕는 대표적인 새 중의 하나인 가마우지는 '검다', '까맣다'라는 뜻의 가마와 '오리'의 고어 우지가 합쳐져 '까만오리'라는 뜻의 이름이 붙여졌다. 중국과 일본의 전통 어업에 이용되는 이 새는 깊은 물속까지 잠수해 물고기를 사냥한다. 가마우지의 생태를 통해 우리는 생물종이 어떻게 진화했는지를 이해할 수 있다.

하늘을 나는 수많은 새 중에 생존을 위하여 물속 깊이 곤두박질치는 녀석들이 있다. 물고기를 주로 먹는 잠수성 오리인 비오리, 흰죽지와 논병아리, 가마우지류는 먹이 사냥을 위하여 위험을 무릅쓰고 깊은 물속으로 잠수하고 물갈퀴 덕에 제법 헤엄도 빨리 친다. 물새들은 엉덩이 끝에 있는 미지선(기름샘)에서 나온 기름을 깃털에 꼼꼼히 발라 방수층을 만드는데, 이 때문에 부력이 강해져서 깊은 곳까지 잠수하지 못한다. 이와 달리 가마우지 종류는 큰 물고기를 잡으려고 더 깊이 잠수하기 위하여 깃털의 완벽한 방수를 포기하고 깃털이 물에 젖

ⓒ이종렬

민물가마우지

사냥하는 민물가마우지

ⓒ이종렬

날개를 말리는 민물가마우지

도록 진화하였다. 하지만 여러 번의 잠수 끝에 온몸이 젖어버리면 체온을 유지하기 어렵기 때문에 날개를 쫙 펴고 깃털을 말리는 재미있는 모습을 심심찮게 볼 수 있다.

남미의 유명한 섬인 갈라파고스에는 날개가 조그맣게 퇴화하여 비행 능력을 상실한 갈라파고스가마우지가 있는데, 찰스 다윈이 이 새를 보고 의문점을 생각하였고 주변의 여러 섬에서 채집한 핀치류의 부리를 분류하면서 진화론 이론을 발전시켰다는 이야기가 있다.

중국과 일본에서는 이런 가마우지의 물고기 사냥 능력을 이용한 전통어업이 이어져 내려오고 있다. 어부는 잡은 물고기를 삼키지 못할 만큼만 목에 줄을 묶고 다리에 긴 줄을 매단 가마우지를 데리고 배를 몰아 물고기가 많은 곳으로 나아간다. 열심히 물고기 사냥을 해도 배가 고픈 가마우지는 계속해서 물고기를 잡게 된다. 이렇게 포획한 물고기 중 몇 마리만 가마우지 몫으로 넘기고 나머지는 어부가 갖게 된다. 노동력 착취와 동물학대라는 시각도 있지만, 꿀벌이 생산한 꿀을 이용하는 것과 별반 차이가 없다는 주장도 있다.

가마우지류는 지구상에 총 42종이 확인되었고, 우리나라에는 민물가마우지, 가마우지, 쇠가마우지, 붉은뺨가마우지 4종이 기록되어 있다. 이들 가운데 백령도와 소청도 등지에서 번식하는 쇠가마우지는 그 수가 적으며, 붉은뺨가마우지는 북한 지역에 기록되어 있는 종이다.

인천의 해안이나 하천 등의 물길을 따라 날아다니는 커다란 검은 새를 어렵지 않게 볼 수 있는데, 이 새가 바로 민물가마우지이다. 몸길이는 80cm 정도 되며 몸 전체가 광택이 있는 검은색이다. 겨울에는 부리 주위, 뺨, 턱 밑으로 노란 피부가 드러나고, 허리 양쪽에 크고 흰 얼룩무늬가 생긴다. 춘천 의암호, 수원 서호, 안동호, 팔당 족자섬 등지에서 나무에 둥지를 틀고 3~6개의 알을 낳아 번식하는데, 인천에서는 남동유수지 내 인공섬에서 저어새와 함께 생활한다.

최근 환경변화와 도시화 등으로 많은 새의 개체수가 감소하는 실정이지만 민물가마우지는 그 수가 증가하고 있다. 매년 1월 국립생물자원관에서 실시하는 겨울철 조류 동시센서스에 따르면 1999년에 269마리에 불과하던 민물가마우지가 2015년에는 9,280마리, 올해에는 1만723마리로 계속 증가하고 있다. 중국이나 러시아에서 날아온 개체 중에 지구온난화로 강과 하천의 결빙 기간이 짧아져서 더 남쪽으로 이동할 개체들이 남아있는 것인지, 우리나라에서 번식하는 집단이 증가한 것인지는 연구가 더 필요하다.

충북 괴산군의 번식지에서 전파발신기를 부착하여 이동경로를 추적한 바로는 다른 나라로 이동하지 않고 군산, 부안, 순천, 서천, 보령, 당진, 수원, 화성 등지로 흩어져서 월동하였는데 북한의 연안군까지 이동한 개체도 있었다. 코로나19로 제한적이고 힘든 시절을 보내고 있는 우리로서는 이동의 자유를 누리고 있는 새들이 무척이나 부럽기만 하다.

세계일보 2020.6.19.

삼세기

투박한 외모, 소박한 이름

글. 김병직

우리나라의 서해, 남해, 동해 어디를 가든 볼 수 있는 삼세기는 지역에 따라서 탱수, 수베기, 삼숙이, 삼식이라고 불린다. 등에는 삐쭉삐죽 날카로운 등가시가 늘어서 있지만 독은 없다. 생김새는 투박하지만 이름만큼은 소박하고 친근한 우리 물고기이다.

예년에 비해 따뜻한 편이지만 겨울은 겨울이다. 깊은 바다에 살면서 겨울이 오면 알을 낳으러 얕은 곳을 찾는 물고기들이 있다. 암초 틈이나 모랫바닥에서 죽은 듯이 먹잇감을 기다리는 매복꾼. 삼식이란 이름으로 더 잘 알려진 물고기, 삼세기를 만나보자.
쏨뱅이목 삼세기과에 속하는 삼세기는 길이 40cm 정도까지 자라는 바닷물고기이다. 커다란 머리에 큼지막한 입. 가슴지느러미를 활짝 펼치고 입을 벌리면 포효하는 밀림의 왕 사자가 떠오른다. 몸통이 머리에 비해 늘씬하고, 등에는 삐쭉삐죽 날카로운 등가시가 늘어서 있다. 몸 전체에 알록달록한 무늬가 흩어져 있고, 크고 작은 돌기가 빼곡하다.

독이 있는 물고기로 유명한 쑤기미와 비슷하게 생겼지만, 다행히 독은 없다. 지역에 따라서 탱수, 수베기, 삼숙이, 삼식이라고 불린다. 우리나라에서는 서해, 남해, 동해 어디를 가든 볼 수 있으며, 11월부터가 제철이다.

우리나라에 사는 5만 종이 넘는 생물들이 이름을 갖고 있다. 생물 하나하나에 고유한 이름을 붙여주는 나라는 세계적으로도 그리 많지 않다. 우리 바다에는 1,000종이 넘는 물고기가 저마다의 이름을 갖고 있다. 삼식이, 흔히 못생기고 바보스럽다는 놀림 말로 쓰인다. 사진 찍기를 좋아하는 사람은 카메라 렌즈(삼식이렌즈: 시그마 30mm f1.4 렌즈의 애칭)를 떠올릴지도 모르겠다. 삼시 세끼 집밥을 챙겨 먹는 사람을 부를 때 사용하는 이도 있다. 염화강(강화해협)의 바닷물이 서해로 흘러드는 김포 대명항 어느 어물전 주인에게 물어보니 "색깔이 셋이니 삼식이지, 삼식이"라며 너스레를 떤다. 흰색, 적갈색, 검은색이 조화롭게 섞여 있는 건 확실하다. 적갈색이 진하다 못해 붉게 보이는 녀석도 더러 있다.

시인 김춘수는 "이름을 불러주었을 때 그는 나에게로 와서 꽃이 되었다"라 썼다. "이름을 불러주니 녀석은 나에게로 와서 물고기가 되었다"로 들리는 건 어류학자이기 때문일까. 오랫동안 기억되기 위해서는 반드시 이름이 필요하다. 삼식이, 소박하면서도 친근한 이름이다. 꽃으로 치면 호박꽃이라고 할까? 삼식이도 나쁘지는 않지만, 삼세기라는 멋진 이름으로 우리 바다에서 오랫동안 잊히지 않기 바란다.

세계일보 2020.1.17.

삼세기

호랑이 발톱을 가진 호랑가시나무

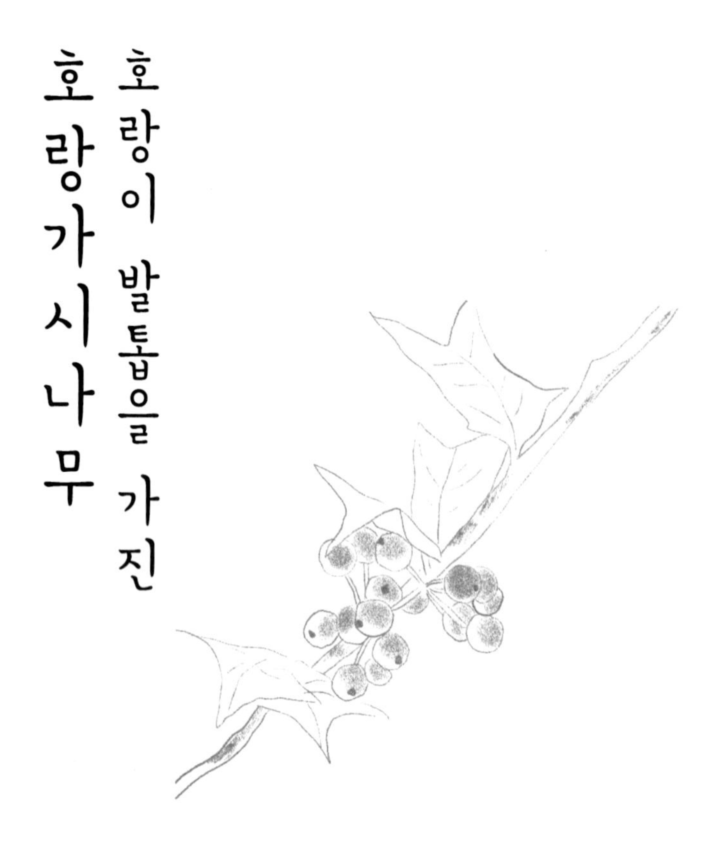

글. 박찬호

두껍고, 광택이 나는 잎을 가진 호랑가시나무는 이름에서 연상되듯 잎 끝에 날카롭고 단단한 가시가 있다. 이 모습이 마치 호랑이 발톱과 비슷하다 하여 호랑가시라고 이름이 붙여졌다. 한때는 크리스마스 철에 화환이나 장식으로 사용하는 유럽, 북미의 호랑가시나무류와 비슷해 남획에 시달려 개체수가 많이 줄어들기도 했다.

24절기 중 가장 추운 시기인 소한과 대한이 지나갔다. 이러한 추운 겨울 동안 여러해살이 식물들은 겨우내 땅 위로 노출된 모든 기관들에 대하여 월동을 한다. 여름철 내내 광합성을 하던 넓은 잎들은 낙엽이 이미 진 지 오래고, 앙상한 가지들에서는 겨울눈이 도드라지는 때이다. 땅 밑의 뿌리들도 곧 봄이 오면 새로운 잎과 줄기를 내놓겠다며 차디찬 겨울비와 눈을 견디어 낸다.

ⓒ강희만

호랑가시나무

ⓒ강희만

제주도 호랑가시나무 군락지

호랑가시나무의 열매

이러한 와중에도 가끔 잎이 넓은 늘푸른나무들이 눈에 들어온다. 얼마 전 인천의 월미공원에 갔다가 기특하게 바라본 나무가 있었다. 바로 감탕나무속 호랑가시나무(*Ilex cornuta*)이다. 감탕나무속 식물은 호랑가시나무를 비롯해 꽝꽝나무, 감탕나무, 대팻집나무 등 늘푸른나무들로 우리나라에는 남부지방에 주로 분포하며, 세계적으로는 열대지방에서 온대지방까지 400여 종이 분포하고 있다. 이 나무는 본래 따듯한 곳에서 잘 자라는 나무인지라 제주도 서남 해안에서부터 해남, 서해안 변산반도까지 자생하고 있다. 바닷물 영향을 받는 해안가부터 내륙까지도 잘 자라는 성질이어서 다양한 생육을 보인다. 또한 호랑가시나무는 햇볕을 좋아하는 나무라서 햇볕이 잘 드는 곳에서 무리 지어 자라는 습성이 강하다.

한때는 크리스마스 철에 화환이나 장식으로 많이 사용하는 유럽, 북미의 호랑가시나무류와 비슷해 남획에 시달려 개체수가 많이 줄어들기도 했다. 우리나라 호랑가시나무가 그들보다 잎이 좀 더 크고 빨간 열매가 보기 좋아서 장식용으로 많이 사용되었기 때문이다. 현재 부안 도청리의 700여 그루의 호랑가시나무 군락은 천연기념물 제122호로 지정되어 보호받고 있다.

호랑가시나무의 잎은 두껍고, 광택이 나는 늘푸른나무의 특징을 그대로 지니고 있는데, 이름에서 연상되듯 잎 끝에 날카롭고 단단한 가시가 있다. 이 모습이 마치 호랑이 발톱과 비슷하다 하여 호랑가시라고 이름이 붙여졌다 한다. 어린 나무에서는 육각형 잎의 모서리마다 가시가 매섭게 도드라지지만 나무가 자라고 성숙한 잎에서는 차츰 퇴화되어 하나의 가시만 남는다.

꽃은 암수딴그루로 4~5월에 우산 모양 꽃차례로 피는데 그 향기가 은은하게 나며, 열매는 그해 가을에 붉은색으로 달린다. 이 붉은 열매는 겨울철 하얀 눈이 내리면 더욱 빛을 발하는데, 이는 겨울철 먹이가 부족한 때에 새들의 주요한 먹이가 되며 더 넓은 곳으로 자신의 자손을 퍼트릴 수 있는 생존 방법이 된다. 따뜻한 곳을 좋아하는 호랑가시나무가 어떤 이유에서였든 차가운 바닷바람이 부는 인천지역에 오게 되었지만, 그래도 꿋꿋하게 겨울을 지내는 듯하다. 인천 지역은 월평균 기온이 다른 수도권 지역에 비해 약 1~2도 정도 낮게 나오지만, 의외로 인천 도서지역에는 붉가시나무, 참식나무, 후박나무 등 남부지방에서 잘 자라는 나무들이 관찰되기도 한다.

이 식물들은 추위를 잘 견디는 성질을 가지고 있기도 하지만, 인천 도서지역으로 들어오는 난대성 해류와 새들에 의한 종자 번식 등의 영향으로 분포가 확장된 것으로 보인다. 주선화 시인의 '호랑가시나무를 엿보다'라는 시의 "호랑가시나무는 겨울 찬바람을 맞으며 오늘도 푸르게 푸르게 눈을 뜨네" 라는 시구처럼 겨울 찬 기운에도 모든 사람이 푸르게 푸르게 건강하기를 바라는 마음이다.

인천일보 2020.1.21.

겨울에 짝짓기를 하는 신비애기각다귀

글. 변혜우

한겨울 눈밭을 돌아다니며 겨울이라는 틈새를 노려 생존을 선택한 곤충들이 있다. 곤충 대부분을 포함한 변온동물들은 온도가 떨어지면 효소 활성이 떨어져 움직임이 둔해지기 마련인데, 이 각다귀들은 이러한 자연의 법칙을 역행하듯이 짝을 찾으러 다닌다.

겨울철은 사람이나 동물이나 견디기 어려운 시기임이 틀림없다. 일 년 내내 이 땅을 떠나지 않는 동물들은 어떻게든 이 어려운 시절을 살아남아야만 한다. 동물에게 이 문제는 개체를 떠나 종족의 사활이 걸린 문제이기에 철새들처럼 따뜻한 곳으로 이동하기도 하고, 다람쥐처럼 동면이라는 극단적이지만 효율적인 방법을 선택하기도 한다. 곤충들도 대부분 동면을 하는데, 번데기 형태가 가장 일반적이나 알이나 애벌레 혹은 성충의 형태로 하기도 한다. 반대로 여러 가지 원인으로 겨울 한파를 버티지 못하는 곤충들도 있는데, 이는 오히려 곤충의 개체수가 적당한 수준으로 유지되는 요인이 된다.
한겨울의 엄동설한 눈밭에서 움직이는 작은 곤충이 있다. 바로 신비애기각다귀, 흔히 눈각다귀(Snow cranefly)라 불리는 곤충이다. 얼핏 보기에는 날개도 없는 것이 마치

거미 같아 보이지만, 다리가 6개이고 파리의 전형적인 특징인 평균곤(뒷날개가 퇴화하여 생긴 곤봉 모양의 돌기로 몸의 평행을 유지시킴)이 뚜렷이 보이는 파리목 각다귀과의 곤충이다.

12월에서 2월의 눈밭을 마치 땅 위를 움직이는 것처럼 자연스럽게 움직이면서 짝을 찾아 짝짓기 하는 대담한 모습을 보여준다. 곤충 대부분을 포함한 변온동물들은 온도가 떨어지면 효소 활성이 떨어져 움직임이 둔해지기 마련인데, 이 각다귀들은 이러한 자연의 법칙을 역행하듯이 이 겨울을 즐기는 듯하다. 과학자들의 연구에 따르면 이 각다귀 체내의 어떤 물질이 체액이 얼어 결정화되는 것을 막아준다고 한다.

원래 이들은 유충 시기에 땅속에서 살아가는데, 다른 곤충과 달리 겨울이 되면 성충이 되어 이동을 감행한다. 그렇다면 굳이 왜 추운 겨울에 성충이 되어 돌아다니는 것일까? 곤충들에게 겨울은 오히려 천적이 거의 없어 몸이 얼어붙는 것만 극복한다면 생존에 더 유리한 면도 있기 때문이다. 물론 똑같은 시기에 겨울을 버텨내는 텃새나 작은 설치류에게는 더없이 좋은 간식거리이긴 하지만, 이런 천적들은 일 년 내내 존재하기에 겨울만의 문제는 아니다.

신비애기각다귀는 날개가 없어 멀리 이동하지 못해 자신이 태어난 곳에서 짝을 찾게 되면 군집의 유전적 다양성이 떨어져 종의 소멸로 이어질 수 있기에 위험을 무릅쓰고 눈밭을 횡단하는 것으로 보인다. 그러다 보니 천적이 적은 겨울을 틈새시장으로 공략하여 짝짓기의 적기로 선택했는지도 모를 일이다.

한겨울 눈밭을 돌아다니는 곤충이 신비애기각다귀만 있는 것은 아니다. 밑들이, 톡토기, 강도래 등 많지는 않지만 겨울이라는 틈새를 노려 생존을 선택한 곤충들이 있다. 가끔 눈을 돌려 한파에서도 살아남기 위해 고군분투하는 곤충을 보면, 하루가 다르게 지구를 소비하는 인간으로서 지구 생태계의 남아있는 빈곳을 채워주는 생물들에 대한 고마움이 절로 생긴다.

세계일보 2020.2.7.

©Charley Eiseman

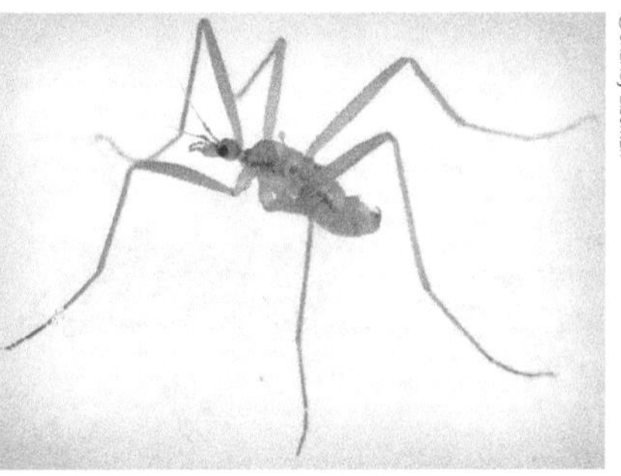

©Charley Eiseman

신비애기각다귀

자연에서 듣는 우리생물이야기

1판 1쇄 인쇄 2022년 07월 01일
1판 1쇄 발행 2022년 07월 11일
저 자 국립생물자원관
발 행 인 이범만
발 행 처 **21세기사** (제406-2004-00015호)
경기도 파주시 산남로 72-16 (10882)
Tel. 031-942-7861 Fax. 031-942-7864
E-mail : 21cbook@naver.com
Home-page : www.21cbook.co.kr
ISBN 979-11-6833-044-3

정가 20,000원

이 책의 일부 혹은 전체 내용을 무단 복사, 복제, 전재하는 것은 저작권법에 저촉됩니다.
저작권법 제136조(권리의침해죄)1항에 따라 침해한 자는 5년 이하의 징역 또는 5천만 원 이하의 벌금에 처하거나 이를 병과(倂科)할 수 있습니다. 파본이나 잘못된 책은 교환해 드립니다.